幼貓小學堂

Kitty 的飼養與訓練

滿心歡喜的迎來了一隻小貓咪，卻不知道要如何照顧？也不了解在小貓咪的成長過程中，要如何教養與訓練？

　　《幼貓小學堂——Kitty的飼養與訓練》一書中提供了許多照顧幼貓的專業建議，並詳細分析貓咪在行為上所透露出來的語言，可以幫助讀者迅速進入狀況了解如何調教與飼育，讓你與Kitty的生活更加快樂融洽。

中華傳統獸醫學會理事長
國立台灣大學獸醫專業學院教授
國立台灣大學獸醫學博士

郭宗甫

Contents 目錄

※ 本書內容所提供的方法，為一般正常情況下適用，但並不能概括每一個
特別的案例，若您參考本書，採取作者所提供的建議後，狀況並沒有改
善或仍有所疑慮，建議您應到獸醫院所向專業人士諮詢。

簡介

無論你家中是否有隻剛報到的小貓咪，或是正打算迎接一隻小貓咪；我都要在這裡跟你說聲：「恭喜！」因為貓兒是所有的寵物當中，最討喜、最另人神魂顛倒的動物，只是牠們的存在價值往往都被人類低估了。

一隻新來乍到的貓咪，會向你展現牠的萬種風情和各種本事。然而，牠們也需要被正確地管教。在每隻貓兒的身上，仍依稀可見牠們老祖先的狩獵本能，這些野性等著你一一馴服。此時，身為主人的你，便扮演了舉

足輕重的角色，本書將會向你逐一解釋原因。

我們可以肯定地說：一隻訓練有素的貓兒，通常會活得比較久，如果你管教有方，貓兒比較不會在居家附近撒野，也減少了牠們染病或闖禍的機會。每一隻長壽貓咪共享的秘訣，就是牠們都曾成功地被主人馴服過並聽命於管教。一旦理解貓兒的想法和動機，你便能得心應手地照料牠們。此後，照顧貓兒的工作對你來說，也將不再僅止於奉上飼料盆、或為想出門的貓兒打開一扇門如此單純。你的貓咪也將不再容易緊張，且變得更開心，你會發現這位家中的新成員，將為你帶來源源不絕、多不勝數的樂趣。

唯貓獨尊

何謂貓咪？

基因遺傳說明一切

人類馴化貓咪的歷史可追溯到數千年之久，長久以來，貓咪一直是人類的親密伙伴和除鼠幫手。無論你是新手主人、或是經驗豐富的飼主，都應理解一點就是：每隻貓兒都是由食肉界狩獵高手演化而成。

起源

坐臥在你膝上的這團迷人的小毛球，其實是食肉界獵殺高手的後代，牠們的始祖是生活在十三萬年前近東地區的五隻貓科動物。至今在非州部分地區，仍然可見到這些貓咪親戚的身影，牠們即是非州野貓。就遺傳學角度上來說，非洲野貓與家貓的基因其實是無法區分的。

目前能證明古代人類豢養貓咪最有力的證據，就是一具出土於塞浦勒斯的貓咪屍骸。牠被埋藏在成人遺骨的旁邊，雖然這座墳墓約莫只有九千五百年的歷史，距推估，早在一萬兩千年前，也就是人類開始從狩獵游牧轉為定居的畜牧生活的時期，貓兒已開始被人類馴化。

當人類開始耕作並收藏穀物，自然引來了許多貪食穀物的鼠類，就在這個時候，流連在野外的貓科動物，適時地融入人類生活協助捕殺鼠輩，為人類鏟除禍害，因此很快地便受到人類的重用。接著，約莫在六千年前左右，貓咪的地位受到空前的推崇。古代的埃及，這個當時在中東地區舉足輕重的強國，開始將助人有功的貓咪視為半神祇奉祀，其地位如同太陽神 —— 雷（Ra）和生育之神 —— 芭絲特（Bast）一般崇高。即便至今，依舊有數以百萬的人類寵愛貓兒，其程度雖談不上崇拜，但卻仍以不同的方式繼續疼愛著貓咪。無庸置疑地，這

些人之中當然包括你和我。

貓咪血統

　　當今我們所見的眾多寵物貓品種，其實是經由數千年配種過程而保留下的優良品種，愛貓人士從常見貓類或庭園貓類中，精心挑選出他們所喜愛的貓咪進行交配；品貓的文化，始於十六世紀的英國，但人類是到十九世紀，才開始為了觀賞的目的幫貓咪進行配種。一八七一年，倫敦水晶宮曾舉辦了一場盛大的博覽會，展示出當時的波斯和英國短毛貓。約莫在同個時間點，美國新英格蘭省的緬因貓，也首次被展示在世人面前。

迷人的體態

貓科動物的體型

　　貓咪的體魄雖不似森林霸王，但卻擁有與老虎和豹一樣的身體結構，並能施展相同的技能。原本屬於食肉界掠食者的貓咪，已經被馴化適應居家生活。不過牠們的身體架構仍然是為了在野外存活而設計

牙齒

　　貓咪牙齒排列順序有如獅子牙齒的縮小版，為了要咬斷獵物的脖子，獅子犬齒間的距離，是為了方便獅子準確地咬住獵物頸部和脊骨連接處所設計。這樣能讓獅子輕鬆地獵殺牛羚和斑馬。相同而言，貓咪的犬齒則專門用來對付老鼠。另外，貓咪側齒和後齒可撕裂肉，但卻無法磨碎食物。

眼睛

　　有人認為貓咪視線在黑暗中不會受到影響，其實牠們的視力並非如傳說中的一般銳利，這只是因為在微光中，貓咪的視力比人類好罷了。

　　貓咪視力比人類好，主因不僅僅是因為貓咪的角膜、瞳孔、和水晶體比人類的還來得大；另外一個重要因素，即藏在貓咪的視網膜背後，我們稱作光線保存膜。

這層保存膜像
是一面明亮的
鏡子，由一層閃
閃發亮的特殊細胞
組成，可以讓貓咪的
眼睛在黑暗中閃著綠
光或金光，並且吸收
更多光線。

鬍鬚

貓咪的鬍鬚被認為
與觸覺有關，能發揮觸
角般的功能，讓貓咪在
黑暗中依舊可以迅速靈
敏地移動。

許多科學家認為：貓
咪能在黑夜中自如地躍下
堅硬的地板，就是藉由彎下
鬍鬚來保持平衡的。

腳掌

仔細端詳貓兒的腳，你會發
現牠腳底有個肉墊隱藏在幾個肉
墊的後上方；這個肉墊不與地面
直接接觸，雖然無法證實它跟其
它肉墊一樣有緩衝的功能，但是
當貓咪縱身躍下時，這個隱形肉
墊即發揮了止煞防滑的功用。

感官功能

貓咪的五感

　　貓咪具備了高度敏銳的感官，能清楚掌控周遭的環境，就連剛出生的小貓咪也不例外。

視覺

　　貓咪擁有狩獵動物必備的絕佳視力（見第12頁），能在昏暗的環境中洞察環境，牠們雙眼有如望遠鏡般，可精準測量獵物的遠近；良好視力對於獵食者來說極為重要，而貓咪在這方面又比狗兒更眼明手快一點。

聽覺

　　貓咪跟人類一樣可以聽聲辨位，此外，牠們還能清楚聽到更高頻的聲音。

嗅覺

　　貓咪有著比人類更靈敏的鼻子，牠們的鼻孔布滿一千九百萬個嗅覺神經末稍細胞，而人類的鼻孔裡卻只有五百萬個相同的細

胞。更值得一提的是，貓咪嘴巴的頂端處還有一個特殊的構造，稱為犁鼻骨器官。這個器官，幫助貓咪分辨氣味中的化學成分，尤其是「性」氣味。也許你偶而會看到貓兒皺著鼻子一臉苦相，這種反應就是俗稱的菲林明反應。意味著貓咪的犁鼻骨器官正嗅察到了東西，這種情況屢見不鮮。特別是當貓咪搜尋著花園裡貓草的味道，或是聞到了路上其他貓咪尿液的時候。

味覺

貓咪是出了名的挑嘴，挑食的程度比狗兒還嚴重。牠們舌頭上的味蕾可以精準地分辨味道，通過神經傳導到腦部，這也說明了貓咪的味覺為何特別好。在既定印象中，貓咪並不識甜頭滋味；但隨著被人類餵食甜食的機會增加，越來越多的貓咪習慣甜食且再也無法抗拒這樣的美味了。

觸覺

觸覺對於貓咪來說極為重要，這也是為何貓咪喜歡恣意地朝著人類或動物及物品磨蹭；剛出生的小貓咪看不見東西、也無法聞到食物。這時，貓咪唯一賴以維生的感官就是觸覺，小貓咪就是憑藉著觸感來回應媽媽餵奶的呼喚。

貓有九條命？

前肢先著地

　　傳說中貓有九條命，之所以會引發這樣奇怪的迷思，大概是因為從古至今，有太多穿鑿附會的神秘軼事的主題都圍繞著貓咪打轉。

　　每隻貓咪都有著柔軟的身體、矯健的身段，就算受困在死角，牠們似乎永遠有辦法脫離險境，幸免於難，這當中當然帶有一點僥倖。一般來說，你們家的貓咪將會享有長壽的人生，寵物貓的平均壽命大約為十五年，而也有少數貓咪的壽命可以長達二十年之久。

平衡感高手

　　貓咪極佳的平衡感可以幫助牠們安然渡過許多險境，牠們是自然界走鋼索達人，可以輕而易舉且不加思索地走過狹窄的欄杆和花園的藩籬。在進行這些動作的同時，貓咪會下意識地運用眼睛、內耳和大腦三個器官來幫助牠平衡。牠們也會利用尾巴作為反作用力來保持平衡，就像是高

空鋼索表演者拿著長竿當作輔助工具一樣。

從天而降

　　貓咪從空中降落時，會運用眼睛、內耳和大腦三者齊力合作運算距離與速度，然後迅速地將頭腳軀幹調整定位成一直線，來完成完美的降落。比起從低空落下，由高空縱身而下時，貓咪反倒較不容易受傷。如果貓咪從窗戶跌落，樓層越高受傷就越重，但是當樓層超過七層，貓咪受傷的嚴重程度反而減少；這是因為當高度超過五個樓層後，下降速度便達到最高時速並不再增加，這時貓咪不再感受到速度的改變，所以關掉了內耳感應機制，牠們開始放鬆身體並展開四肢，有如自由降落的跳傘者一般地穩操勝算，比起緊繃僵硬的身體，此時放鬆的貓咪也較不容易骨折。

找到回家的路

精準的方向感

倘若貓咪不慎走丟了，牠們便會啟動絕佳的導航能力，找到回家的路。根據報導指出，很多貓咪在碰到主人搬家時，仍有辦法回到原來的舊家。

許多新聞中都曾出現過貓咪返家千里的相關報導，牠們可以橫越千里、克服萬難，只為了回到溫暖摯愛的家，打破史上最遠紀錄的保持者，是一隻美國的貓咪，牠從加州出發，翻山越嶺抵達了俄克拉荷馬州，總計跨越兩千兩百五十公里（一千四百英里）。

貓咪導航機制

一般認為貓咪是藉由觀望天體運行來掌握方向的。躺臥在花園的時候，貓咪的大腦便無時無刻在記錄著太陽昇降運行的方向。同理而言，在漆黑的夜晚，牠們則是憑靠星辰座落的位置來得知方向。

在貓咪的大腦裡面，也像人類和其他動物一樣有著生理時鐘，就連蟑螂也不例外。此外，

貓咪腦內細胞中也有像羅盤上的磁針一樣的裝置，引導貓咪方向。貓咪知道在特定的時間點時，太陽投射在家中光線也會不同。所以當貓咪遠離家園時，迫切渴望重返到愛窩和主人身邊的牠們，會藉著觀察光線而決定移動的方向，當貓咪循線前進的同時，若發現太陽的位置有些偏誤，便會馬上更新定位，調整方向直到光線正確為止。藉著不斷地嘗試錯誤並適時地修正，聰明絕頂的貓咪便朝著回家的路前進了。一旦太陽的方位無誤，離家不遠矣，貓咪的耳朵和眼睛就會接掌職務，引導貓咪回家。

搬家

如果主人搬家，卻因某些原因無法帶貓咪一塊離開；此時，被遺棄在舊家的貓咪並無法仰賴導航系統得知主人的去向，或追蹤到新居地址。這樣的說法也讓一樁英國奇貓軼事之真實性大打折扣。

相傳莎士比亞的金主——南安普敦伯爵擁有一隻忠心耿耿的貓咪，當伯爵被囚禁在倫敦塔時，這隻貓咪排除萬難，從煙囪潛入了囚室，只為了與主人團圓。但也許這種情況下，我們所見識到的即是貓咪的第六感本能。

貓思故貓在

貓咪的思想

你是否曾好奇，當貓咪靜坐在窗旁凝視窗外時，腦袋瓜兒都在想些什麼呢？牠在想著下一餐會是怎樣口味的罐頭？在觀察隔鄰的大黃貓動靜？也許牠正遲疑著是否該上樓找個舒適的地方打個盹？

貓咪從不懷念過去，也不臆測未來；所以當牠們因行為不當被主人處罰時，往往無法理解前因後果。

但是當貓咪一旦學會一招半式後，就懂得將知識儲存在大腦的記憶庫裡，並在日後善加運用知識。

牠們的短期記憶只能維持十六個小時，而狗兒的短期記憶只能留存五分鐘。有些科學家認為貓咪是最理想的寵物，因為牠們懂得將所學的事物，經由感官內化成生存技能，這樣的智商相當於一個兩三歲的孩童的智能程度。

活在當下

貓咪跟人類一樣，懂得藉由觀察、模仿、還有不斷地嘗試和修正錯誤而累積經驗。但若貓咪想學習真功夫，光靠眼睛記憶是不夠的。牠們得全身領受，方有辦法將知識轉化成長期記憶。倘若有天你將愛貓寄放在寵物旅館，牠不會愁容滿面地苦腦著為何主人失蹤了，或者想著自己做錯了什麼，才遭受如此囚禁待遇。牠滿腦子關心的只是當下和週遭人物、味道、氣味、或食物。貓咪只會忙著對付眼前的事物，不會浪費時間做白日夢。

預知未來之眼

自古以來，人們常把貓咪和超自然的現象聯想在一塊，直到今天仍有人深信貓咪具有神奇的力量。

貓咪可以預知火山何時爆發、地震何時來臨；就貼近生活

作息而言，牠們也能在主人抵達家門之前，提前感應主人的出現。種種的能力，與貓咪超凡的觸覺脫不了關係，因為貓咪能精確地掌握空氣中最細微的震動及聲響，這使得貓咪得以感應火山或地殼的移動，當然還包括遠方汽車引擎所發出的聲響；話雖如此，我們仍然無法否定，貓咪擁有超自然心電感應的可能性。

精銳的天生配備——腦袋和爪子

貓咪的聰明才智

大多數的人說狗狗比較聰明——愛狗者尤甚是；主要原因是狗兒比較好訓練、較順從主人的指令。

當然愛貓人士方能了解，訓練成效不能當作衡量寵物智商的唯一指標，貓咪也是可造之材（見第88至111頁）。許多生物學家肯定貓咪有著高度智商，從貓咪與人類相處千年來不斷演變的關係即可見得。

面對不同的情況，貓咪總能游刃有餘穿梭自如，跟其他聽話順從的動物比起來，貓咪較獨立自主、懂得如何自處，對於屬於貓科動物的貓咪來說，具備這樣的獨立特質不足為奇。因為牠們有著獵人的頭腦及強健有力的身軀，早已習慣單打獨鬥、自給自足。

衡量智商的依據

狗狗和貓咪兩者之間誰比較聰明？目前無法得到絕對正確的答案，智商指數的可信度一直備受爭議，因為測量的結果好壞取決於衡量智商的準則為何，即便是多年在人類物種鑽研不同人類智商的科學家，也同樣無法肯定地說出哪些特定的人種較聰明，因為世上沒有一定標準的準則，目前廣受使用的一項計算智商的方式，便以腦的重量和脊椎長度來決定智力高低，從這個測量方式也可看出腦內主掌軀幹的區塊分布多寡。

部分科學專家認為大腦比重越多即代表腦袋越發達，然而這個論點的準確性仍有待證明，其研究顯示人類身體體重和大腦的比重為50：1，絹猴的比重為18：1，狗狗的比重則為9：1或7：1不等，視其品種而定，貓咪的比重則為4：1。反之，對於這項研究抱持懷疑態度的學者指出，動物智商的高低不能單

從解剖學的角度來分析，因為動物智商不該論斤計兩來計算，我個人非常贊同這樣的說法，相信許多愛貓人士也心有戚戚焉。

如果你在網路上輸入貓咪智商排行榜，你可以搜尋到許多資訊。最常見的指數是將貓咪聰明程度一到十分排列劃分，十分為最聰明。根據其中一個排行榜指出，世上最聰明的貓咪品種就是圖片中這個光禿無毛的小傢伙——加拿大無毛貓。名列最後兩名的則是喜馬拉雅貓和異國短毛貓，然而，現實生活中我曾碰過許多聰敏的喜馬拉雅貓和異國短毛貓。由此可知，這樣的排行榜不足採信，因為排行榜沒有說明定論的依據，也沒有提出可靠研究加以佐證。我們都知道貓咪的聰明才智，不需要靠排行榜來證明。

養小貓咪的事前準備

新貓駕到

為貓咪護航

身為主人的你，應該做好迎接小貓咪的事前準備，以確保小貓咪抵達的第一天諸事順利。為了迎接小貓咪的到來，有許多事物等著你張羅採買，請記得提前準備，不要等到最後一刻才開始行動！

室內用品

首先你必須買個可攜帶的貓籠來放置小貓咪，以方便你將小貓咪帶回家。其次，則是幫小貓咪買個專屬床舖，市面上有五花八門的樣式可供挑選（見第 159 頁）。請務必挑選一個靜謐的地方來放置床舖，避免家人常出入走動的區域。不過，當小貓咪熟悉新家後，可能會另覓地方睡覺，這是牠們的習性。另外，還

要幫牠買個貓砂盆,然後將貓砂盆放在安靜的角落,讓牠能保有尊嚴並無憂自在地如廁。

接下來就是準備飼料盆和飲水器,請盡量挑選方便清洗的材質,更要避免將小貓咪的食器和家中的碗盤器皿混在一塊清洗;同時,也可以準備一些梳理毛髮的工具幫牠整理毛髮(見第 46-47 頁)。假使你決定日後幫小貓咪植入晶片(見第 185 頁),仍建議主人為牠套上項圈和名牌。

下列的貓咪專屬用品並不需急著採買,但最好還是放入購買清單內,磨爪柱、磨爪板或磨爪三角錐、跳台以及多層式的貓籠等,可以幫助你為小貓咪打造一個無壓安全的環境,幫助牠早日適應新生活。

待小貓咪長大點也接種完疫苗後,你也允許小貓咪到戶外走動,可以在門窗上或牆上裝設貓咪專用的掀蓋式活動門,方便小貓咪出入。在本書之後會解釋如何教導小貓咪使用活動門(見第 102 頁)。

安全第一

仔細檢查家中是否藏有危害小貓咪安全的物品,未來生活也要注意以下安全須知:

- 開放式的火爐周圍務必架設柵欄。
- 家中的擺設是否會引起小貓咪的好奇?請預防小貓咪攀爬上去。
- 室內外有無有毒的植物(見第 128-129 頁)。
- 別讓小貓咪誤觸電氣插座,沒有使用家電時,請關掉開關。
- 確保小貓咪遠離烤爐上的烤盤和電磁爐。
- 垃圾桶要放置在小貓咪無法觸及的地方。

記得將尖銳的工具和塑膠袋收好,關上烤箱、電冰箱、冷凍櫃、洗衣機、洗碗機的門,以防小貓咪爬入不慎受困。

迎接小貓咪回家

這一天終於到來

帶小貓咪回家的第一天，你會感到格外的興奮，有了小貓咪的新生活將充滿驚奇和無與倫比的快樂。

如果開車的話，最好是有兩個人一同前往迎接小貓咪，一人負責開車，另外一個人則負責將箱子放在膝上以便看顧小貓咪。請預先準備塑膠貓籠、舊式的編織貓籠、紙箱或是其他容易取得的箱子來放置小貓咪，可在箱子底部墊入舊報紙或者是舊毛巾。

第一印象

這也許是你和小貓咪第一次相遇，特別是當你要領養的小貓咪是隻流浪貓。在你要把這個張大雙眼看著你，又惹人疼愛的小毛球帶回家前，請記得特別注意下面幾個事情：

● 檢查小貓咪全身上下是否有任何異狀。

● 小貓咪耳朵裡面是否有異物。

● 身上是否有禿髮掉毛的區塊，皮膚是否有乾燥粗糙的問題。

別忘了查看小貓咪是否有拉肚子的症狀，可以掀開牠的尾巴，看看屁股有無沾黏糞便，碰到任何問題，請盡可能地向育種飼主詢問清楚狀況。如果可以的話，最好在頭幾天就帶小貓咪到獸醫院做徹底的健康檢查，畢竟有些毛病是由外觀無法察覺的。

假使小貓咪已經接種過疫苗了，育種的飼主會交給你一張證明書。另外，如果你在寵物店找到你的寶貝貓咪，店家通常都會提供貓咪的血統証明。最後一個步驟就是詢問牠的飼料是什麼品牌和口味，如此一來，回家後你就可以馬上張羅食物給牠吃了。

踏入新家

當完成以上動作後，即可將小貓咪帶回家了。請溫柔地一把將牠捧起，然後用另一隻手扶住牠的屁股，將牠放入貓籠後，緊扣貓籠的門扇。

歡迎小貓咪的到來

適應新領土

當你和小貓咪安全抵達家裡後，請帶著牠巡視一下新環境，記得多給牠一些時間認識牠的新家，切忌過於輕率帶過這個步驟。

家人第一

小貓咪抵達的頭一天，請將牠安頓在獨立的房間內至少二十四小時，接著在房內放入貓砂盆，水和美味的食物，讓牠有時間獨處、熟悉環境，並避免牠逃出房外。同時要確認其他家人或寵物不會進去打擾小貓咪。

記得不時地進到房內查看小貓咪的狀況，摸摸小貓咪和牠說說話，一直到小貓咪和你建立起信賴關係為止，之後再介紹家中其他的成員給小貓咪認識。千萬不要讓家人熱情的情緒或尖叫嚇壞了小貓咪，請家人先在旁邊靜心等候，讓小貓咪主動接近他們。一下子就把小貓咪抱入懷中是個不智之舉，即便是你也不例外。

現階段互動僅適合跟小貓咪玩玩遊戲、說說話、靜靜地觀賞牠的一舉一動，丟幾個玩具、小球或一小段長線讓小貓咪玩耍。當你發現小貓咪愈顯自信，就馬上稱讚牠幾句或是犒賞牠食物。

家中有小朋友或嬰兒的話，請務必在旁邊監視他們和小貓咪的互動，預防小朋友虐待小貓咪，或者其中任何一方受傷。

認識家中其他寵物成員

　　當小貓咪已經安然渡過了第一夜，這時便可向牠介紹家中其他的寵物成員了。請先將小貓咪抱入懷中，再讓家人將寵物帶入房間內，多留心觀察寵物間相處的情況。可以事先準備些小點心，以便隨手餵食任何一方來獎勵良好的互動，記得以獎勵取代懲罰，才能成功地讓寵物們接受彼此。

　　如果家中已有家貓，牠們會對新成員表示敵意，這種情況甚至可能持續好幾天以上。身為主人的你，記得在給予寵物關懷時，不能厚此薄彼，才能讓情況好轉。在初期，寵物之間的相處時間不宜太長。

　　若發現狗兒不停地吠叫，應該先用食物分散狗兒的注意力，然後再將小貓咪帶離現場，假使狗兒不斷發出攻擊，則可以先幫狗兒戴上口套，並以鼓勵的方式，導正狗兒的行為。

避免貓狗大戰

注意事項

假使家中已經有養狗狗了，更要格外注意小貓咪的融入情況。碰到了陌生的動物，尤其是卡通世界裡面永遠的死對頭，這樣的情況都會讓雙方感到格外地緊張，以下的清單可以幫助你確保寵物們的安全。

- 給予多一點耐心，要讓寵物們互相接納彼此，需要花費點時間，有時可能要花上幾周，甚至於幾個月，牠們才能和平共處一室。

- 規劃逃跑路線和避難處，讓小貓咪隨時可以撤退，或者劃分貓狗的領土。剛開始可以關上房門作為區隔，並教導寵物不能任意私自闖入禁區。

- 找個高處餵食小貓咪，貓咪喜歡待在高處，牠們在較高的櫃子或碗櫃上方，比較能夠安心地吃東西。

- 將貓砂盆放置在狗狗無法接近的地方，這樣小貓咪才能隨時使用貓砂盆。

- 另尋地點私下餵食狗兒，避免小貓咪偷嚐狗狗飼料，因為狗食並不適合與小貓咪分享。

- 在貓狗尚未學會和平共處之前，最好先把寵物專用的活動門封上，以防小貓咪逃出屋外，甚至一去不回。

- 家中無人的時候，將貓狗關置在不同的房間裡。

- 幫狗兒套上項圈和牽繩，在屋內也一樣，這樣一來可以隨時掌控狗兒去向，並防止狗兒突然衝向小貓咪。

貓咪的居家生活

你所能期待的趣事

觀察貓咪的行為舉止,是飼養貓咪的一大樂事。貓咪的一舉一動,不但千變萬化,還能達到自娛娛人的效果。

看著貓咪在牠的領土上走動,就像是觀賞袖珍版美州豹或印度豹狩獵巡行。雖然受到照顧的貓咪,無須以獵食維生,但牠們仍然成天幻想著去打獵,這樣的本能,即反射在貓咪日常生活中淘氣的行為上。

找樂子

飼養小貓咪的居家生活裡,

會發生很多意想不到的搞笑畫面，因為牠會把家中各式各樣的東西當作獵物，這些東西可以是乒乓球、毛線球、有時候連一團廢紙也不放過，一旦鎖定後小貓咪就會尾隨在後，然後埋伏等待時機發出攻擊。小貓咪會冷不防地弓起背脊，或是像螃蟹一樣橫行，然後發了瘋似地朝著目標物狂奔，即便是沒有鎖定目標，小貓咪也喜歡閒來無聊地飆速奔跑來過過乾癮。

　　貓咪也喜歡登上高處，在樓梯間迅速爬上爬下不成問題，偶而當主人從書架上騰出空間時，牠們也喜歡跳上書架。另外，牠們也愛攀爬窗簾，貓咪特別獨鍾爬上客廳垂落的窗簾，對貓咪而言，爬上窗簾比爬上陡峭的艾格峰（少女峰的延伸）還來得有趣。貓咪喜歡質地粗厚的窗簾，這樣的窗簾特別容易爬上。

熟悉主人

　　人說好奇心殺死一隻貓，其實好奇心能讓你的小貓咪充滿活力，牠們對於有開口的容器特別感興趣，像是箱子、半開的抽屜、袋子（特別是紙袋）。所

以，你常會看到小貓咪捲曲身子，躲在這些空間裡面，甚至睡著。

　　一旦小貓咪和你建立起更深厚的關係，牠會試著用身體或發出喵喵聲和你溝通，透過舔拭你的身體的方式來表達牠的尊敬和愛意，只要一找到機會，小貓咪就會在你的腳邊磨蹭，在你返家時，牠會發出興奮的喵喵聲並熱情地用身體在你腳邊磨來蹭去。

如何和小貓咪共度第一晚

帶領小貓咪參觀牠的房間

當你懷中的小毛球，張著無辜的雙眼，流露無助的神情時，正是因為牠們對於新環境感到不安和恐懼。

　　儘管你已經為了迎接小貓咪，做好萬全的準備（見第26-27頁），而且也遵守二十四小時內，不讓家中其他成員打擾小貓咪的規定（見第30-31頁），即便如此，第一個晚上對於小貓咪和你而言都還是很難適應的。

幫助小貓咪安頓下來

　　帶領小貓咪到牠吃飯的地方，拿出美味的佳餚給牠，然後向小貓咪介紹貓砂盆，給牠一些時間檢查貓砂盆，緊接著實行牠的如廁訓練（見第94-95頁）。最後再帶小貓咪認識牠的睡床，請務必幫牠選擇一個寧靜的區域，特別留意別將床放置在家人常走動的地方。不要過度撫摸小貓咪，也別太常將牠抱在懷中，當然如果牠主動走向你，還是可以將小貓咪抱起並好好地摸摸牠一番。請給予小貓咪適當的空間和能夠自由地在家中走動，小貓咪巡視屋內時，你可以在旁輕柔

地向牠說說話，這樣有助於撫平穩定小貓咪的情緒。發現自己身處在陌生環境的小貓咪，可能會感到無比地困惑並發出幾聲哀怨的哭鬧聲，尤其是剛斷奶就被迫離開媽媽和兄弟姊妹的小貓咪。

與小貓咪共枕

也許會有些飼主不認同我的想法，但是我認為最好先將小貓咪的碗碟、貓砂盆和床，暫時放置在主人的房間，好讓小貓咪可以和你共眠第一晚，根據個人以往的經驗，小貓咪通常會爬上床墊依偎在你的身邊，甚至一古腦兒的睡在你頭上，但這又有何不可呢？ 如果小貓咪翻來覆去無法成眠，你也不用感到訝異，漸漸地牠會學會安定下來，往後的日子你就可以將小貓咪移置牠的睡窩了。

貓咪想告訴你的事實

什麼才是正常的行徑

如果貓咪會說話，牠會告訴你：我輩貓咪，包含牠自己在內，即使經歷了億年的馴化過程，配合人類的程度仍然無法像狗兒一樣的好。

貓咪是上帝的傑作，牠們集優雅聰敏於一身，是獨立又愛挑剔的狩獵動物。貓咪不像狗狗一樣喜歡集結成群，牠們喜歡獨來獨往，也因此讓貓咪成為理想的一對一寵物對象。話雖如此，獨立的貓咪仍然可以愛上主人的陪伴。

貓咪是技術高超的獵手，需要演練獵殺技能，並享受獵捕帶

來的快樂。常見的情況就是看到貓咪將一隻倒楣的老鼠玩弄於股掌中，然後又棄之不理。在人們的眼中，這樣的行為看似十分殘忍，其實貓咪只是在發揮內在本能而已。在白天，貓咪會花費很多時間，坐在最愛的窗台觀察周遭的變化，靜候著下一個獵物出現。在室外，貓咪喜歡埋伏在花草樹叢下，或者爬上樹幹，因為貓咪每天的平均睡眠時間約為十

六個小時，當睡意來襲，牠們會找個安全不受打擾的地方休息。如果在室外，貓咪喜歡躲在屋頂上或是花園的儲藏室，回到屋內，貓咪則喜歡躺臥在最愛的扶手椅上面打盹。

　　沉睡在夢鄉的貓咪，仍然不會全然地鬆懈警覺心，一旦聽到不尋常的聲音便會馬上起身環顧四周。

看我日漸長大

小貓咪成長里程碑

　　看著小貓咪一天天地長大茁壯，是種令人愉悅又享受的體驗。唯一的遺憾是，小貓咪的成長過程實在太快了，如閃電般的一眨眼就過去，以下內容將詳細地介紹小貓咪每個成長階段，可以讓你提前掌握會發生的情況。

離開母親

　　超過六週齡後，貓咪便可以離開母親的身旁，若非醫療護理因素，請千萬不要讓小貓咪在未滿六週前就離開牠們的母親。設想小貓咪來到你家時，已滿六週或八週齡了。此時的牠們想必已經活蹦亂跳，也懂得清理身體、控制大小便。倘若母親曾傳授給小貓咪一招半式，這個階段正是小貓咪開始練習獵捕技巧的時候，滿八週後，小貓咪的乳牙就會全數長齊，進入斷奶期。超過

出生第一天

出生第二天

三週大

五週大

十二週後，貓咪眼球的顏色和形狀將固定不再改變，恆齒也開始長出。在成長的初期，學會與其他動物和人類互動，對於小貓咪來說是個很重要的課程，在幼齡時期發展社交活動，有助於小貓咪早日脫離母親和兄弟姊妹，並學會與人相處。

成長里程碑

7-20 天	緊閉的雙眼開始睜開。		如果身旁有母貓作為模仿對象，幼貓會學得更快更好。
15-21 天	學會爬行、開始搖擺步行。		
3 週左右	母貓開始在外覓食，帶回填飽幼貓的肚子。	8 週	幼貓已經可以完全斷奶，所有乳牙都長齊。
3-4 週	開始斷奶，並進行如廁訓練。	12 週	眼睛成色固定不再改變。
4-5 週	學習自理整潔和開始懂得玩耍。	12-18 週	開始長出恆齒。
6-8 週	開始練習狩獵技能，	24 週	可以脫離母貓，自食其力。

十四週大　　　　　五個月大　　　　　　　成貓

帶著幼貓行動

出去走走

幾乎所有的貓咪都討厭搭乘汽車，路上的噪音、不停改變的方向，都干擾著貓咪的方向感。窗外不斷更換的街景，也使得貓咪感到無比的不安。若主人用心打造舒適的乘車空間，可讓貓咪留下良好乘車印象，然後漸漸地習慣搭車。

車程要短

在幼貓三個月大的時候，便可開始第一次乘車訓練，乘車的前幾週，可以將貓籠打開並在內舖設舒適的床被，可以在貓籠內

放一件未洗衣物、襪子或 T 恤，好讓小貓咪聞到主人熟悉的氣味。無論如何都要避免在第一次乘車時，就帶小貓咪前往獸醫院接種預防疫苗，因為你絕不會想要小貓咪把第一次搭車經驗和獸醫院聯想在一起，小貓咪會誤以為搭車的下場，就是要去一個奇怪的地方，更慘的是還會莫名奇妙地被陌生人扎一針。可以在一週內，帶小貓咪短暫外出個三到四次，最初的幾次車程，可以單單驅車前往附近的商店或郊外就好，記得起碼要等到小貓咪注射過兩次疫苗後，才能讓小貓咪接觸到戶外。

出發前的準備

避免在帶小貓咪搭車外出前

餵食，以防小貓咪在乘車時感到不適或嘔吐，但一定要隨身帶著水，如果車上的貓籠夠大，可以裝設滴漏式飲水器，方便小貓咪解渴。將貓籠放置在後座，或是五門掀背車身後方的置物空間，但不可將小貓咪放置在車子後方的行李箱內，盡量選擇一個可以庇蔭的角落，利用安全帶或是長條繩索將貓籠固定綁牢，同時，也須注意車內通風是否良好、溫度是否適中，回到家中後，將貓籠提進屋內並將門打開，讓小貓咪自行走出來。在這個時候，主人需要給予小貓咪額外的照料，拿出點心和乾淨的水招呼牠，是個再好不過的點子。

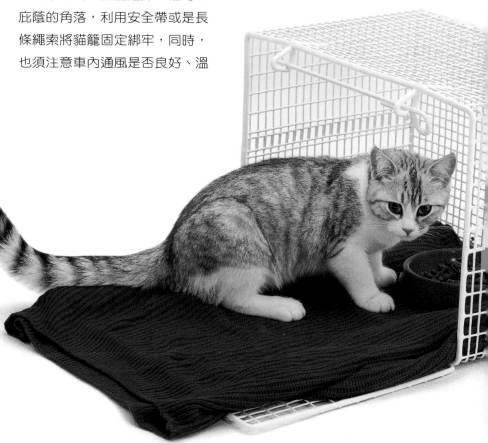

保養愛貓

乾淨整潔的貓咪

維持身體整潔

貓咪對於自己的外觀非常講究，所以不時地梳理自己的毛髮，這樣一來其他的貓咪才會喜歡親近牠們，牠們隨時隨地清理多餘的毛髮、除去糾結的毛球、保持優雅的舉止，以確保自己受到人類的歡迎。

梳理短毛貓

1 利用軟梳或刷毛用手套，從貓咪的頭頸往下梳至尾巴，移除貓咪身上多餘的毛髮。找把梳齒平滑的梳子，順著貓咪的毛髮，將貓咪從頭到尾梳理一遍，接著再逆向梳回。

2 雙手支撐著貓咪的身軀，小心翼翼地翻轉貓咪的身體，讓貓咪躺在你的腹部或膝上。依循同樣的方式梳理貓咪腹部的毛髮，也可以用濕毛巾擦拭貓咪的身體。

幫貓咪順理毛髮，可以預防貓咪毛髮打結，還有助於強化主人和貓咪的親密關係，你可以在梳具樣式齊全的寵物店和獸醫診所，挑選適合的梳子、毛刷或刷毛用手套。早日開始幫小貓咪進行日常梳理，可以讓牠逐漸習慣這樣的互動方式。每天簡短的梳理照顧，並在當中附上美味的飼料，可以讓小貓咪愛上梳理時間。待小貓咪長大些，可以減少梳理的次數，一週兩次的梳理，對短毛貓來說便綽綽有餘了；長毛貓則需要每天梳理一次，如果小貓咪不習慣被人梳理的感覺，可以在梳理過程中讓小貓咪背向你。

梳理長毛貓

3 拿出軟梳從貓咪的頭部開始梳起，順著毛髮生長的方向一路梳到尾端。重覆梳個幾次後，再逆向從尾巴往前梳回頭部，梳開糾結纏繞的毛髮，加強特別容易打結的地方，如耳後、腹部、鼠蹊部和尾巴下端。

4 幫貓咪翻身，細心地整理貓咪腹側的毛髮，順著毛髮生長的方向和反向數次，在貓咪被毛上灑些滑石粉，隨後立即將滑石粉刷出。接著可以用刷毛用手套、濕毛巾擦拭被毛使其更有光澤。

47

洗澡時間

尋歡作樂

若小貓咪身上的毛沾染了無法清理的油漬，就是該幫牠洗個澡的時候了。但是洗澡應該被視為最終手段，因為貓咪痛恨全身浸濕的感覺。

無論是用來滴入暖爐中增加室內芳香的精油、含有松油成分的物質，或是內含石碳酸和甲酚的消毒劑和防腐劑，以上所述皆是對貓咪有毒的物品。這些物品除了會因貓咪舔拭身體時被誤食口中，也有可能透過皮膚被體內自行吸收。當你發現小貓咪身上沾有油漬，卻無法判定油漬停留的時間，又擔心牠已經舔過身體的話，請打通電話給獸醫詢求專業協助，如果你確信油漬是剛沾上去的，也還沒有被小貓咪舔拭過的跡象，請依照下述的步驟幫牠洗澡。

可以利用在廚房或浴室內的水槽或臉盆，幫小貓咪洗個熱水澡，記得要緊閉門窗。可在水槽底端放置一個橡皮墊，以幫助小貓咪止滑。洗澡的過程中，要持續不斷地向牠說話，語調輕柔和緩，給予牠無微不至的關愛，如果牠反抗，使你無法清除汙垢，請立即帶牠去獸醫診所。

過度洗澡

雖然有些貓咪會逐漸習慣洗澡，沐浴次數卻不能太過頻繁，過當地清潔貓咪被毛，反而容易除去貓咪身上的油脂，引起毛髮乾燥問題。請選用溫和的洗髮精幫貓咪洗澡，在寵物店內可以買到貓咪專用的洗髮精，或者也可以使用嬰兒專用的洗髮精做為替代。

1 將水槽的水裝滿約五～十公分高，溫度約攝氏三十九度C（華氏一○二度C），一手放在貓咪的腹部將貓咪舉起，同時用另外一隻手扶住貓咪的頸部，運用手掌的力量輕按貓咪的頸部，如果貓咪開始掙扎反抗，略施壓力以按住頸背部。

2 用海綿沾溼貓咪的身體，臉部除外，抹上些許貓咪專用或嬰兒用的洗髮精，搓揉至泡沫布滿全身，以蓮蓬頭或是用杯子盛水沖洗貓咪全身。

3 將貓咪從水槽中抱起，拿出乾的大毛巾包裹貓咪，溫水沾溼棉花後，用以擦拭貓咪的臉部，接著拿出吹風機低溫的吹拂被毛，多數的貓咪都可以忍受這段過程。直到毛髮吹乾後，再用梳子梳開。

小貓咪專屬套餐

照顧小貓咪的飲食

身為主人的你也許會想，供給家中的寶貝貓咪均衡的膳食，即為每個主人應當扮演的重要角色。然而懂得如何抓住小貓咪的胃，更是一大學問。

飼料的挑選

小貓咪常獨鍾於那些在斷奶前所嚐過的食物，據我所知，有一些小貓咪雖然經年累月都吃同一種飼料，仍健康地茁壯長大。但是這種案例真是少之又少，多數的貓咪還是喜歡有變化的菜色，期盼牠們的人類服務生，每天會開出不同的菜單讓牠們享用（見第 54-55 頁）。

無論是幼貓或成貓，都該食用專為貓咪設計調配的營養飼料，市面上最普遍找到的飼料以三種樣式為主：罐裝貓食、袋裝乾糧、半溼性貓食。

上述的飼料種類都經過精心調配，供給貓咪足夠的蛋白質、脂肪、礦物質、各種維他命，但是各自有其缺乏的營養素。罐裝的飼料富含水分，但礦物質維生素容易因脫水未完全而流失，乾糧不容易因為氣溫而流失養分，但是有些貓咪並不覺得乾糧可口，另外一方面而言，有些貓咪則是痛恨半溼的食物。

小而美的分量

　　幼貓的食量很小，消化能力也有限；六至十二週的小貓咪一天只需要吃四到五餐，而每次的分量不超過兩到三湯匙的食物，當小貓咪約三到六個月大時，可以逐漸增加飼料分量，同時將進食次數減為一天二到三次。和室內貓相比，成天在戶外玩耍的貓咪的食量會比較大，貓咪會咬食野草是很正常的行為，綠草可以幫助貓咪反芻胃裡的食物，你可以到寵物店買一盆植草，給只待在家中的室內貓咪食用（見第128-129頁）。

水分補給

　　請在家中準備足夠的飲用水讓貓咪可以隨時喝到水，偶爾也可以餵幼貓喝喝牛奶，但是不可將牛奶取代水，有些貓咪無法飲用牛奶，因為牠們的消化系統無法分泌代謝乳糖的酵素，這時候，可以採買不含乳糖成分的特殊牛乳給貓咪飲用。

貓咪專屬餐廳

為小貓咪服務

　　一旦決定好家中的小餐館要為小貓咪準備怎樣的菜單後，接著就要考慮怎樣的供餐服務是最適合你家小貓咪的。

規定用餐時間

　　幼貓滿六個月大後，用餐次數可調整為每天三次，當用餐時間到的時候，只需將飼料盆放在固定的地方，再搖搖鈴鐺、用叉子輕敲碗盤或呼喚牠的名字，牠很快就會接收到訊息，向食物飛奔而來。

　　這樣的餵食習慣也可以減少貓咪挑嘴的毛病，另外，貓咪也會從其他的跡象察覺到有食物可吃，好比聽見冰箱門被打開的聲音，或是裝有食物的紙袋所發出的窸窣聲。

　　待十五分鐘後將碗碟收起，如果飼料呈現原封不動的狀態，將碗碟蓋上、放入冰箱待稍晚後再拿出，貓咪的飼料不宜過於冰冷，因為冰冷的食物會使得貓咪嘔吐，從冰箱拿出貓咪的飼料後，應先置於室內常溫下一陣子，或改裝在非金屬的碗盤內，送進微波爐加溫個十五秒後才能拿來餵食貓咪；餵食貓咪前，一定要先確定食物的溫度剛好才行。

乾淨的飲用水

　　有時候你可能會察覺到貓咪

在喝水溝裡或花園水坑裡的汙水，甚至於有時候，牠們會試圖喝馬桶裡的水，這些奇怪的舉動都可以避免的。只要確保貓咪的給水容器裡面，隨時都裝有足夠的水讓牠飲用。然而，這種情況的導因可能是因為貓咪不喜歡自來水裡面殘留的氯氣，有一個最簡單的解決辦法就是將自來水裝入瓶罐中，再靜置個幾日，待去除氯氣後即可飲用，再奢侈一點的做法，就是直接提供瓶裝礦泉水給貓咪喝。我知道有少數飼主是採用這樣的方式供給貓咪飲水，還有部分貓咪喜歡直接飲用從水龍頭流出的自來水，如果主人願花大錢的話，可以考慮幫貓咪買個可循環流動的飲水缸，這樣一來貓咪就有源源不絕的活水可以享用。

飲食的清潔

不可輕忽食器的清潔，每天至少清潔貓咪的飼料盆一次，飲水器的蓋子也要隨時蓋上，清理飼料盆的時候，要避免將貓咪的碗盤和主人用的餐具器皿混在一起清洗。

愛挑剔的嘴

品味講究的貓咪

貓咪對食物的要求十分刁鑽，不太容易打發。如果可以的話，每個主人一定都希望，可以每天早上帶著貓咪上超市，讓貓咪在貨架上眼花撩亂的眾多貓食當中，選出牠們當天最想要吃的食物。

貓咪喜歡的口味似乎每天都在變，有些主人誤以為：如果不餵貓咪吃點好料，牠們就會餓死。這種錯誤的認知不但便宜了貓咪，還會使得主人變成貓奴，讓主人忙碌奔波於寵物店，陷入永無止盡的採買旅程而且大傷荷包。

選擇多變是最好的方法

有些貓咪專愛一種食物，例如肉糜或煮熟的魚，其他東西皆不吃。這種飲食並無法帶給貓咪健康，單一食物無法供應均衡、全方面的營養，舉例來說：生肉缺乏鈣質和礦物質，也容易引起沙門氏菌的感染，過多的魚肉會讓貓咪缺乏維生素 B1 的攝取，盡可能的提供貓咪多樣化的飼料，至少要有兩到三種不同品牌的飼料交替，逐次混入三餐中，讓貓咪細細品嚐。可以確信的是：貓咪絕不可能因為錯過一餐而餓死。

生病的徵兆

要注意貓咪是否因為健康發生問題，才突然變得挑食。牙齦紅腫、牙齒鬆動，或是過多的牙結石都會影響貓咪的食慾。定期幫貓咪做個徹底的口腔檢查（見第 166-167 頁），如果發現任何異狀，請向獸醫詢求幫助，若正處於健康恢復期，如感冒初癒時，貓咪通常比較沒有胃口，這時可以用一些口味較重的食物來喚起貓咪的食慾，加入番茄汁的沙丁魚受到多數貓咪的喜愛，有些貓咪則喜愛肉類點心。

難以捉摸的胃口

貓咪顯得沒有胃口，很有可能是因為牠已經在鄰居家吃過一頓了，附近的鄰居極有可能養成習慣餵食這位每天固定出現在他們家後花園的貓咪訪客，鄰居的心中一定想著：這可憐的小東西，牠主人家中的食物一定少得可憐吧！左右鄰居永遠有辦法拿出一小碗雞肉或魚肉罐頭來招待貓咪──尤其是路上的野貓和流浪貓。

貓咪日常保養

需要細心照料的小貓咪

就像汽車需要保養的道理一樣，貓咪也需要保養。建議飼主趁著貓咪跑到你膝上撒嬌的時候，來個簡單的全身檢查，一週起碼例行兩次；這樣一來可以讓你早點發現牠的健康異狀，也可以藉此完成簡單的身體護理。

耳朵

檢查耳朵內部，看看是否有耳垢或皮屑堆積在耳內；如果發現異物，可以將藥棉輕扭成尖狀，沾點熱橄欖油，再將棉花旋轉至小貓咪耳內清潔；如果發現深色的耳垢，可能代表耳朵裡有耳蟲。另外，請注意不要用棉花棒幫小貓咪清潔耳朵。

牙齒

謹慎地將小貓咪的下巴打開，檢查一下口腔內部，幼貓的乳牙應該是潔白無垢的，健康的牙齦應該呈現粉紅偏白色，同時口氣應該也是清爽無臭。假使發現任何值得擔心的症狀，請盡速詢求專業醫師的幫忙，或者是帶小貓咪給一般獸醫檢查，事不宜遲！

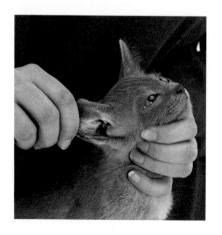

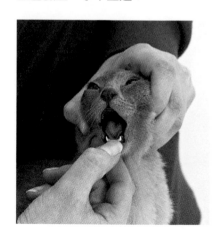

毛髮

用手撥過小貓咪的毛，開始檢查牠全身的毛髮，看看牠身上是否有粗糙的區塊或是脫毛的情況？

另外，如果發現毛髮纏繞糾結在一起，可以用手撥鬆或是拿梳子梳開（見第 46-47 頁）。如果小貓咪正在沉睡當中，可能根本不會察覺發現你的動作，檢查過程中若發現塵粒般的黑色小固體，即意謂著小貓咪身上有貓蚤。因為這些塵埃大小的固體，其實就是跳蚤的排泄物，而這些跳蚤排泄物通常比跳蚤本身還容易察覺到，特別是生長在長毛貓身上的跳蚤（解決跳蚤問題請見第 174-175 頁）。

眼和鼻

現在開始查看小貓咪的眼睛，眼珠是否透徹明亮，眼瞼是否分泌不明黏液。必要的話，拿出小棉球沾溼後，幫小貓咪除去眼角的眼屎硬塊。接著看看鼻孔內是否有鼻屎？鼻子表面是否乾硬？如果表面過於乾燥的話，可以塗抹一些凡士林滋潤保護鼻子，要是乾裂的情況持續好幾週都沒有好轉，就該馬上帶小貓咪給獸醫診斷，以免病情惡化無法治癒。

喔不！我不要看獸醫

最不想看到的人——獸醫

無論多麼不情願，家中這位新成員早晚有一天必須到獸醫院報到，而主人的責任就是盡所有的可能，讓貓咪能輕鬆順利通過拜訪獸醫這一關。

無故失蹤

貓咪似乎有特殊的心電感應能力，可以預知主人何時會帶牠去看獸醫，然後無故地消失不見，難道貓咪懂得讀心術？還是

聽得懂你在說：「早上十點我要帶塔碧莎去看醫生。」？

在獸醫院工作的員工曾經告訴我，許多主人因為在赴約前一刻找不到家中的貓咪，只得臨時取消門診或者無故爽約，連事前打電話告知的機會都沒有，原本固定每天早上九點到中午會在溫室花園裡打盹的貓咪，總會在要看獸醫的那天無緣無故的失蹤了。倫敦市甚至有家獸醫院停止接受預約，因為貓咪錯過預約門診的機率實在是太高了。

前往獸醫院

如果貓咪在去獸醫院的前一刻，沒有無故消失的話，有些細節還是要特別注意，先確認在去拜訪獸醫前，貓咪對貓籠不會感到陌生害怕（見第42-43頁）。

要是貓咪出門的初體驗就是去獸醫院，這樣的經驗容易讓貓咪對搭車和貓籠產生不好的印象。

第一次接種疫苗

選擇一個門診掛號較少的時間拜訪獸醫院，時間拿捏要好，最好在門診前一刻抵達，如果需要在候診室等待叫號，這時最好把貓咪帶到車上等候，而不要停留在候診室裡；因為候診室緊張的氣氛，其他動物和人類發出的哀叫，可能都會嚇壞貓咪。假使貓咪來到你家之前尚未接種過任何的疫苗，那麼第一次接種應該要注射所有的必要的疫苗，同時讓獸醫幫貓咪做個身體檢查，主人也可以順便和醫生商討結紮的流程。

倘若這是貓咪第二次接種疫苗注射，請記得向獸醫領取接種證明書——註明接種日期和醫生簽名。回到家後，請將証明書妥善收藏好，哪天要帶貓咪寄住動物旅館時，証明書便派上用場了！

無壓就醫的撇步

- 拜訪獸醫前，先讓貓咪熟悉貓籠環境。
- 載著貓咪乘著車兜風個幾次，待貓咪習慣乘坐轎車後再赴診。
- 向獸醫預約門診冷清的時段看診。
- 在看診前一刻抵達獸醫院，時間未到之前，先放貓咪在車上等候叫號。
- 如果貓咪已經接種過疫苗，記得帶著接種証明書赴診。

在貓咪和你之間

解讀貓咪

貓咪的話語

貓咪無時無刻都在對你說話，藉由各種聲音、肢體語言、臉部表情、觸摸和各種行為。貓咪都在和你溝通，只要仔細聆聽端詳，很快地你就會成為解讀貓咪心思的專家。

貓咪的聲音變化多端，專家指出貓咪可以發出十六種帶有不同意涵的聲音，像是生氣時發出的尖銳喊叫聲、警告的嘶嘶啞叫、呼嚕聲，還有哀傷的喵喵慟鳴、求偶叫聲和表示滿足舒服的咕嚕咕嚕聲等聲音變化，另外，當貓咪看見鳥類時，還會發出一種特異的嘎嘎聲，十分有趣。

肢體語言

貓咪的身體語言可以詮釋貓咪的想法，當貓咪準備發出攻擊時，尾巴會向下平伸、豎直地貼緊屁股僵硬地左右掃動；心生防備時，貓咪會躬起背部、豎起尾巴、左右側身走動；表示服從的時候，貓咪會畏縮在地上，壓低耳朵和毛髮，尾巴呈現垂下。

仔細研究小貓咪的頭部，當牠對某些事物有所警覺或產生好奇心時，耳朵會往前豎起；想要迴避衝突時，耳朵則會緊貼著頭頂。一隻不受威脅的貓咪會將耳背向前豎直，並不停轉動準備發出攻擊。反之，若貓咪想要避免衝突的話，則會將耳朵向下或向兩側彎曲。

貓咪會透過尾巴來表情達意，心懷滿足時，貓咪會從容優雅地搖動著尾巴；若貓咪將尾巴高高豎起，並微微的彎曲著尾巴頂端，就代表著貓咪想要表達對你的好感。通常在這時候，還會伴隨著磨蹭主人身體的動作——另一個示好的動作。如果見到貓咪不停擺動著尾巴，便表示著貓咪此時的情緒非常焦躁不安。

身體碰觸是貓咪用來和人類以及其他動物溝通的一個很重要的方法，牠們用前額頂觸、鼻子緊貼著我們，然後溫柔地磨蹭著我們的身體，藉此表達牠們的情感；然而，有時這個舉動背後隱藏的動機，只是單純地衝著食物而來的。

眼睛會說話

貓咪的眼神能夠傳達許多訊息，當貓咪築起警覺心和表現順服時，瞳孔就會放大，興奮時候也是。好比貓咪在玩耍的時候，瞳孔會張得特別大，反之，充滿敵意的時候，瞳孔則會縮小成狹縫般的直線。

一隻放鬆開心的貓咪會愜意地眨著雙眼，如果雙眼直視著主人不停地眨呀眨，則是代表貓咪想要得到主人的關心和認同，請不要睜大眼睛直瞪著貓咪瞧，無論這種注視是來自於主人或其他動物，貓咪都會把這種注視誤解成一種挑釁行為而感到威脅。

貓咪的心聲

少說多聽

　　每一隻貓咪都具備著高深的溝通能力，用以與其他貓咪及人類溝通，然而看在人類的眼裡，貓咪透露出的訊息，看來都是微妙並難以理解的。

解讀訊息

　　貓咪發出的許多氣味訊息是人類無法分析理解的，雖然我們可以馬上察覺到刺鼻尿騷味，如：公貓宣示主權的尿液氣味，人類遲鈍的鼻子卻無法嗅察出其

他更細微的氣味訊息，好比貓咪透過抓扒和摩擦物品所刻意留下的氣味。

　　我們可以從貓咪的行為中，察覺出牠們的心情好壞，舉例來說，當我們不小心踩到貓咪的尾巴時，牠們會立即發出哀鳴和嘶叫聲來表達不滿，要是惹毛貓咪的話，牠們還會反咬你一口，或抓劃你的身體來引起你的注意。

　　有些主人無法察覺貓咪是否肚子餓了，當貓咪感到飢腸轆轆，牠們會刻意走到放飼料盆的地方低頭看著飼料盆，再抬頭看看主人，一旦主人打開放飼料的廚櫃時，牠會高舉著尾巴，或用身體頂碰主人的身體，暗示主人快點打開飼料罐頭或是貓飼料袋。

善妒的雙眼

　　貓咪會對主人產生強烈的占有慾，偶爾也會吃醋；假使家中有新生兒報到，請主人務必注意要繼續給予貓咪相同等量的關愛，此外貓咪也有可能對家中其他的貓咪心生妒忌，要是牠發現你溺愛其他貓咪，牠會故意對你發脾氣或是刻意冷落你來表達醋意，甚至有時候對著你叫個兩聲，然後轉身跑走留你在原地，任你怎麼叫牠都不回。醋勁十足的貓咪很有可能抓咬其他貓咪以發洩心頭之恨，所以要是家中不只豢養一隻貓咪的話，主人要特別防範這個情形發生，貓咪吃醋的情況通常可以避免，只要主人在寵物間建立起長幼有序、先來後到的觀念，在哺育其他貓咪和嬰兒之前，先餵飽家中最資深的貓咪並給予額外的關懷，使牠感覺你的愛一如既往。

環抱貓咪

和小貓咪的親密接觸

讓你家的貓咪在幼齡時期就習慣被擁抱是很重要的一件事，將貓咪抱起——掌握於雙手之中，可以強化增進你和貓咪的關係。

多數的貓咪都喜歡被主人抱起，但前提是牠們要感到舒適自在才行，飼主可以依循以下的步驟練習如何擁抱貓咪，記得要溫柔以待並尊重貓咪的感覺，千萬不可隨意把牠們抓起，或過度地搓揉貓咪的身體。

正確握抱幼貓的方法

請不要任意地就將小貓咪抱起，要學習掌控每次抱牠的衝動，因為幼貓需要足夠的空間和時間來自由行動以及獲得充沛的休息，家中的孩童特別容易犯這種毛病。

絕不要試圖抓住小貓咪的頸部來將牠抱起（除非貓咪受傷，特別是肋骨有斷裂的情況），也不要只握住幼貓前肢下方（腋窩下方）並讓牠懸掛在空中，幼貓的肋骨在生長初期非常脆弱易碎，經不起粗魯地對待，所以舉抱幼貓時，動作必須特別輕巧。

正確握抱小貓咪的方法，應該一手抱住牠的腹部，再將另外一隻手支撐小貓咪屁股後方，這樣一來牠才能穩固地坐在你的手

正確握抱成貓的方法

　　等到貓咪長大些，正確的抱貓方式應改為一手環繞住貓咪的前肢，同時，借助另外一隻手的力量，推舉起貓咪的後臀將牠抱起至胸前，利用這隻手的力量穩握著貓咪的底部，支撐貓咪身體重量；當你起身時，貓咪可以坐在你手肘關節處，並將前身倚靠在你肩膀或另一隻手上面，幸運的話，貓咪還會在你耳邊發出舒服的咕嚕聲。

掌上。同時，將頭部和前肢倚靠另一隻環繞在牠頸背部的手上，當你準備帶著小貓咪走動時，請將牠貼緊你的身體；坐下時，可將小貓咪摟抱在你的膝上，也許小貓咪還會開始打呼；假使牠想要去玩耍，不想要被抱著，就將小貓咪輕放在地面上，摸摸牠的頭並用食物或玩具犒賞牠，切忌隨便地將小貓咪從空中拋下。一天當中練習將小貓咪抱起來數次，讓小貓咪習慣被抱著的感覺。

表現基本的尊重

　　毛茸茸的可愛小貓咪，相當受到小孩子的歡迎；身為成人的我們，應該要教育小朋友如何正確地照顧寵物，防止小貓咪受到驚嚇或傷害；正在摸索長大的幼貓，容易引起幼童的好奇和關注，請教育孩童如何正確撫摸小貓咪 —— 而不是任意拍打牠們；同時請教導較年長的孩童，在他們面前示範如何舉起小貓咪，剛學會走路的幼童對於小貓咪的態度時常會過於熱情，這點主人也要特別注意。

小貓咪幫主人按摩？

貓咪的小怪癖

你一定有遇過以下類似的情況，原本小貓咪還靜靜地坐在你的膝上，下一秒卻無端地用雙腳按壓你的肚子，像是在按壓麵團一樣，甚至開始囓咬你的肚子，或者用尖銳的爪子抓你。為何牠會做出這樣的舉動呢？

表達愛意

貓咪按摩主人的舉動是一種愛的表現，這樣的行為可以追溯到貓咪初生時期躺在母親溫暖懷抱的時候，小貓咪會按壓母親的乳腺刺激乳頭分泌乳汁，所以當貓咪按摩著你的身體，即是抱著同樣的期待和想法。當貓咪做出按摩的舉動時，還會發出幾聲咕嚕咕嚕的聲音，所以下次當你發現小貓咪做出類似的行為時，就任其發揮牠的本能吧！

然而，貓咪咬人的行為應當受到阻止，這種為了吸引主人注意而做出的咬人舉動，被稱作玩耍性攻擊行為。假使幫貓咪梳理被毛

的時間過長的話，牠會試圖輕咬你的手來暗示主人：夠了！不要再幫我梳毛了！因為貓咪不習慣過久的梳理，一般而言，貓咪間的梳毛活動都是很簡短的。

如果貓咪按壓你身體的時候會伸出爪子，你可以試著伸出一隻手指輕撫牠的腳掌，並以和緩的語氣向貓咪說話：「乖乖喔！把爪子收起來。」直到貓咪縮回爪子為止。當貓咪收回爪子的同時，主人可以拿出食物來獎賞牠，並且極力稱讚貓咪乖巧的行為，只要持續適時地重覆這樣的訓練，有一天貓咪一定可以學會如何縮回趾爪，主人需要投入大量耐心、適時給予貓咪口頭和食物獎勵；這樣的訓練通常為期一到兩週，有些貓咪則需花上數個月的時間，方能學會掌控趾爪。

長牙

三週至六個月大的小貓咪正在長牙階段，其間牠們會不時地企圖咬主人，小貓咪開始長牙後，可以幫牠們準備適當的東西咀嚼，主人可以上網或至寵物店購買專為貓咪設計的啃咬玩具或潔牙皮骨（飼料），鼓勵小貓咪啃咬這些物品；如果小貓咪聽話的話，就嘉許讚揚牠們一番，若小貓咪試圖要咬你，就在牠面前吹一口氣阻止這種行為，千萬不要打罵牠們。

行為分析

為何貓咪這樣做？

你已經將這隻可愛的小貓咪帶入你的家庭生活，但是你對這隻毛茸茸的小可愛的了解有多少？你知道這隻小虎王具備怎樣的本事嗎？莫非你期待牠能像鄰居的小狗一樣，當個有求必應、搖尾乞憐的毛球小乖乖？

孤獨的獵者

貓咪和狗兒大不相同是亙古不變的道理，在此不用再多贅述。狗兒是群居動物，經過馴化，狗兒已將人類視作團體的一分子，而貓咪則是個不折不扣的獨行獵人；你家的貓咪也許有雙勢利眼，也貪圖鮪魚罐頭，但是在貓咪蓬鬆毛茸茸的表面下，仍隱藏著野生貓科動物的本能，牠們天生會攻擊鳥兒，或是將獵捕到的青蛙帶到你面前。一旦貓咪外出巡視，就會轉換成獨身獵人的角色，牠們擅長運用各種方式和外界的貓咪溝通（見第62-63頁）；貓咪發出的訊息可以避免和其他貓咪產生衝突或打鬥，同時可確保在獵捕行動中，穿梭自如且毫髮無傷。

母系社會

雖說貓咪是獨來獨往的獵人，但是野生貓科動物社會，或是多貓家庭仍然會發展出母系階級制度。

每當貓咪佔領了一塊陌生新領土，或是在繁衍下一代的階段，牠們都會依循貓科社會的階級制度找到自己的定位。研究顯示，野生貓科動物社會是以雌性動物為主，過著由祖母、母親、姨嬸、女兒為主的群體生活，同時排斥外來者。如果你們家屬於多貓家庭，貓咪間也會建立起母系社會分級制度，並且共同抵禦外界未結紮的貓咪，多貓家庭的成員彼此間最好帶有血緣關係，如果飼主想要再飼

養另外一隻無血緣關係的貓咪，請多花心思讓牠們接受對方。

無論是人類或貓咪都會藉由愛撫的動作表達心中的尊敬和情感，透過愛撫的過程，貓咪確認家中成員的相對地位——畢竟階級制度在貓咪社會中極為重要。貓咪是講求輩分的動物，幫彼此清理被毛不但可以加深情感，還可以透過氣味交換訊息。

明理的飼主應當要理解貓咪間的階級關係，並且接受這樣的相處模式——貓咪間的對應地位。若發現關係日漸緊張，務必要做出防範措施以避免問題擴大，因為有些貓咪可能會為此變得暴戾，甚至選擇離家出走。

貓咪和你的關係

你的貓咪是家中的心理治療師

貓咪另一項令人刮目相看的絕活，就是牠們能看出身旁人類的心情好壞。

人類的身體語言

貓咪擅長觀察人類的身體語言，我們做出的每個動作、變化多端的聲音語調，都能夠幫助貓咪快速地辨識出人類當下的心情。貓咪對人類身體所散發出的氣味非常敏感，因為人類汗水中所含的化學物質會隨著心情改變。最常聽見的「害怕的氣息」就是最具代表的例子，我們的汗水味會依著心理的狀態而有所差異，不管我們在戀愛、感到放鬆或害怕，貓咪都能分辨出汗水中所散發出的味道差異。貓咪高度靈敏的鼻子比我們的鼻子還敏銳，可以輕鬆偵測出人類體味的變化，貓咪會依著我們當時的心情，做出不同的反應與我們互動。

我可不喜歡貓咪

想必你一定聽過一個討厭貓咪的人向你形容他有多厭惡貓咪，但是貓咪卻又偏偏喜歡接近他們，其實這種情形時常發生，一個恨貓人士或者對貓咪沒有興趣的人，卻往往大受貓咪的歡迎，其程度甚至超過愛貓人士。唯一可以解釋的原因就是：人類眼神決定貓咪對你的感受。喜愛貓咪的人一旦看見貓咪，眼睛往往眨也不眨地死盯著牠不放，對貓咪不感興趣的人，通常都會忽視貓咪的存在並且正常的眨動眼睛，如同前面章節討論過的（見第62-63頁），當貓咪發現人類或其他貓咪直瞪著牠，貓咪只會覺得受到威脅和挑釁，所以貓咪反而喜歡人類忽視的眼光，下次你把臉靠近貓咪的時候，記得要多眨動眼睛，只要你向貓咪眨眨眼睛，牠也會對你眨眨眼。

占地為王的貓咪

貓咪的領土權

每隻貓咪都會用自己獨特的方式告訴他人：是我的就是我的，別想占有！不管是在室內或者屋外，貓咪都會留下佔領記號，清楚明白地向鄰近的貓咪宣告這是我的領地。

貓咪會在領土上留下清楚易見的記號，難以抹滅的氣味，如同插上告示牌向其他貓咪宣示領土權。

留下爪痕

許多人都以為貓咪的抓扒行為，只是為了要讓爪子更銳利，

磨擦爪子不但可使趾爪頂端維持尖銳，還可以磨去老舊的表面，促進質地光亮的新表皮生長。另外磨爪還提供貓咪機會舒展筋骨，鍛鍊四肢的肌腱，讓貓咪身體處在最好的狀態，隨時可以迎接打鬥或攀爬籬笆。不過磨爪最重要的功用，還是為了留下明顯易見的爪痕以示領土權。除此之外，貓咪腳掌腺體會在抓扒過的地方留下特殊的氣味作為嗅覺記號。

氣味記號

貓咪會利用三種方式留下氣味記號，包括撒尿、排便和藉由皮膚腺體留下氣味；無論膀胱內儲存多少尿液，貓咪都會刻意撒尿來標示地盤。讓人訝異的是，貓咪從不更改排放尿液的模式，

噴撒地點和尿量都是固定不變的，通常牠們會故意站著撒尿，讓尿液標記的高度停留在其他貓咪鼻子可以輕易嗅聞到的高度，當然貓咪也會將尿液噴撒在其他地方，無論是公貓母貓、結紮與否，每隻貓咪都會用撒尿來標示地盤。用後腳撥沙來掩埋糞便，是貓咪排泄後的標準動作；但是若貓咪想要留下領土記號，牠們會刻意讓糞便曝露在原處，特別是那些排放在籬笆上的糞便，就是牠們蓄意留下的惡臭告示牌，最讓主人尷尬的領土記號，莫過於貓咪排放在鄰居草地上的便便了。

貓咪摩擦主人或其他動物的身體時，牠們皮膚上的腺體會分泌出氣味，在摩擦過的地方留下味道，貓咪就是利用這種方式來標記所有物，並向其他貓咪揭示牠的地位。然而貓咪也是藉由摩擦身體的方式來傳達心裡的滿足感和承認你們之間的親密關係。

成長過程的痛

貓咪青少年時期

性徵地平線

多數人都知道人類經歷青少年時期時會特別的叛逆，貓咪比人類更快達到性成熟，所以為了貓咪的健康和福祉，飼主應及早為迎接貓咪性成熟來做準備，同時做出必要的決定。

性成熟

雌性貓咪通常在七到十二個月大時即趨於性成熟，而雄性貓咪則在十到十四個月左右，才會達到性成熟階段，像暹邏貓的純種貓咪，通常是在六個月大時即達到性成熟，比其他貓種來得早熟，而長毛貓種的性徵器官發展速度則比較緩慢；母貓會配合季節更替循環開始發情，發情的天數會持續二到四天之久，每隔兩週左右發情一次，母貓發情期的始迄點分別是落在以下不同時

期：早春至仲春左右，開始發情至少兩到三次，初夏開始頻繁地發情，直到仲夏階段，到了早秋還有另一波發情期，有些母貓則是不按牌理出牌，在其他的時間點發情求偶。

發情的貓咪

當幼貓開始蛻變成一隻成熟的母貓，牠的行為舉止會有什麼樣的改變，牠們的所作所為、背後的動機，最終目的無非就是吸引公貓；你會發現母貓變得容易煩躁，特別溫柔親切，同時牠會比平時更注重外觀。開始在地上打滾並聲嘶力竭地發出淒厲的喵叫聲——求偶聲，典型的徵兆就是貓咪會匍匐前身，微微地將屁股翹起，時而輕擺尾巴奮力踩踏著後腿，好像在騎腳踏車一般，只要主人一撫摸牠，牠就會壓低身體趴臥在地上。飼主應該要考慮幫貓咪避孕，也就是帶牠們做結紮和性器官摘除手術，和接受後續的藥物治療（見 80-81 和 82-83 頁）。如果飼主希望讓貓咪繁殖下一代，最好等到貓咪性器官發育成熟後再讓牠們受孕，至少要經歷前兩期的發情期之後，貓咪才有足夠的體能來應付懷孕和哺乳；這樣一來，貓咪方能自行哺養牠的新生小貓咪。

小貓生小小貓

該不該繁殖下一代

當你決定要讓貓咪繁衍下一代的同時，請再次問問自己：真的要這樣做嗎？家中的母貓咪一定會很想要有自己的孩子，在讓貓咪受孕之前，請務必謹慎地想想：這樣的決定會為貓咪帶來什麼影響？

一般而言，除非你家的貓咪屬於熱門搶手的貓種，如：孟加拉貓。不然的話，新生小貓很難找到一個合適的家，這是一個令人感傷的事實。如果你和你的親友都無法收留新生小貓的話，那該叫牠們何去何從呢？流浪動物機構常歷經千辛萬苦才為貓咪找到一個合適的家，身為一個有責任感的主人，應該要為貓咪多想想其他的選擇；如果你養的是一隻母貓，一定要幫貓咪做好妥善的避孕措施，任貓咪周而復始的發情，卻不讓牠生育下一代也不是一個好辦法；因為沒有性經驗的母貓，到老年時期卵巢容易長出囊腫。

切除手術

切除手術是一種將貓咪的子宮和卵巢摘除的手術，手術通常會在貓咪被麻醉過後才進行，結紮手術是一種非常普遍的手術，就像人類割除盲腸一樣的簡單迅速。但在手術前，要注意以下幾點要項：

● 小貓咪起碼要齡滿三個月。

● 除非顧及健康上的考量，不然不可對已懷孕滿月的貓咪實行此手術。

● 切忌在貓咪發情期執行切除手術，因為母貓體內旺盛的雌激素會促進血液循環，增加術後的流血量。

節育計畫

另一個避孕方法即是服用避孕藥或施打避孕劑（劑量須專為小型動物設計），但身為作者，我不建議採取此方法，因為長期服藥容易引發子宮病變並使得貓咪體重增加，同時，患有糖尿病的貓咪也須被禁止服用避孕藥。

結紮

公貓結紮有許多的好處：

● 避免氾濫繁殖無人可養育的小貓咪，家裡的公貓也不會騷擾驚動隔壁的母貓。

● 減少公貓在外逗留的欲望，降低與其他貓咪打鬥的機率。

● 公貓不會隨地噴撒尿液，就無須再忍受那叫人難以領教的尿騷味。

除非特殊育種交配因素，一般而言，當你家的公貓齡滿六個月時，就該讓牠進行結紮手術。

結紮會殘忍嗎？

為何貓咪需要結紮

也許你常聽見人們說：幫動物結紮是件殘忍的行為，但是此話是否屬實？事實上，結紮對於貓咪和飼主而言都是件好事。

結紮手術

無論是公貓或母貓的結紮手術——切除手術或閹割，拜高明有效的麻醉醫學技術之賜，結紮的過程一點都不殘忍或痛苦，貓咪很快就能康復，也不會產生其他的副作用或併發症。

結紮的優點

從飼主的觀點出發來看，結紮帶來的好處就是：結紮過的貓咪，在未來較不會在外遊蕩、惹事生非。

此外，你的貓咪也不會受到其他公貓的騷擾糾纏，家中和花園也不會有不速之客的出現（見第 84-85 頁）。

結紮過的貓咪通常可以活得更久更長壽，母貓進入老年時期也可以免於受到子宮或卵巢疾病之苦。同時，也因此降低貓咪和同類打鬥的機率，間接避免了受傷後傷口蓄膿發炎的問題。

為了所有貓咪的長期福祉，幫助貓咪節育才是符合人道、有愛心的做法。如果你有任何疑惑，可以向獸醫尋求幫助，或者和當地的貓咪保育機構聯繫。

那隻公貓又出現了！

拒絕討厭的騷擾

　　如果你飼養的貓咪是一隻母貓又未曾接受過結紮手術，家中的母貓很快地就會成為附近公貓（未結紮）所覬覦的對象。

不請自來的貓咪

　　這隻找上門的公貓可能正自詡為方圓百里內最帥的公貓，所以大肆地在你家的門前、窗台噴灑刺鼻的尿液，來凸顯自己的存在，若能直接登門入室更好。這隻在領土上偵測到配偶的公貓，會處心積慮地找機會和你家正在發情的小母貓進行交媾，無論母貓領不領情，公貓仍會很積極地示愛、不斷追求。

侵入行為

　　這個時候主人該如何是好？很顯然地，帶你家的貓咪接受結紮手術，可以有效地減低家中貓咪的性吸引力，但是這些外來公貓還是有可能依舊垂涎於年輕母貓的美色，而繼續侵犯你家貓咪的領土。

飼主可以在公貓尿液上方噴灑味道濃郁的液體，好比消毒水或是香茅精油（最有效用）。假使外來的公貓膽敢從活動貓門進入到你家，飼主可以考慮在貓門上加裝感應式開關，同時在家中母貓的項圈上裝上辨示晶片（寵物店內可買到），你也可以請這隻公貓的飼主，幫忙控制他們家性致勃勃的公貓，但是很可惜地，阻止的成效都不彰，久而久之，這隻公貓可能會偷吃你家貓咪的飼料，甚至邀集其他公貓進入你家貓咪的領土，為防患於未然，建議飼主還是及早力行以上防範措施、杜絕干擾。

不同貓種的性情

多不勝數的貓種

隨著貓咪日漸長大，進入到了青少年時期，你越能夠察覺出家中貓咪從血統中所遺傳的個性特徵，這也是養貓的最大樂趣之一。

許多網站和書籍上的資料都可以找到貓咪血統的介紹，幫助你了解各貓種獨特的個性，讓你找到最合適的貓咪，因為貓咪種類繁多，無法一一詳列，在此先為讀者做個簡短概略的介紹：

長毛貓

大多數的長毛貓都被稱作波斯貓，但並非所有的長毛貓都是波斯貓。長毛貓是最理想的室內貓之一，唯一的缺點就是牠們每天都會掉毛，所以需要每天梳

理。然而，有些貓種像是緬因長毛貓、伯曼貓和挪威森林貓的體型都很結實強壯，個性外向大方，也非常適應在戶外的生活。

短毛貓

短毛貓比長毛貓來得容易照顧，牠們時常整理自己的儀容，鮮少需要主人特別的梳理。目前有許多外型迥異、毛紋豐富多變的短毛貓，如英國短毛貓、美國短毛貓和歐州短毛貓。英國短毛貓性情溫順隨和、十分聰明也喜歡親近人類。美國短毛貓個性獨立，卻也非常適合與人類做伴，牠們安靜沉寡，只會偶爾發出一兩聲喵叫；多數的東方短毛貓，好比暹邏貓則是以愛引人注意著稱，牠們需要主人很多的關注，而且三不五時就喵喵地叫。其餘像是捲毛貓種——得文捲毛貓、

柯尼斯捲毛貓和塞爾凱克捲毛貓，則是對主人十分忠誠專一。對於想養貓卻又對貓毛過敏的人來說，飼養毛髮短少的捲毛貓是個不錯的選擇。

　　源自泰國的柯拉特貓，擁有銀灰色光澤閃亮的毛髮、聰明又討喜，牠們的聲音細小，是小朋友最好的玩伴，俄國藍貓的個性較害羞恬靜，有時過於安靜，連求偶時發出的叫聲都不容易被聽見。在眾多品種中，最引人注目的貓種莫過於加拿大無毛貓了。牠們是在近代才發展出的貓種，約一九六〇年時才在北美公開亮相，加拿大無毛貓喜愛與人親近，飼主唯一要注意的就是加強牠們冬天時的保暖。

混血貓

　　如果你家貓咪是在流浪貓咪中途之家或收容所認養而來，牠很有可能是混血貓咪。雖然混血貓只繼承了部分純種貓咪的基因，但是外型依舊迷人，也像純種貓咪一樣聰明。此外，因異種交配而產生的結果，讓牠們具備了更多的活力，一般稱為：雜種優勢。不同於單一血統的純種貓，混血貓咪繼承了不同血統的優點，反而活得更久更健康。

幼貓學園

貓咪如何學習

幼貓育兒園

　　飼主若想親自訓練調教家中的小貓咪，在尚未開始訓練以前，先著手了解貓咪是如何學習東西，可以讓訓練過程事半功倍，同時免去你許多的煩惱和麻煩。

經驗和本能

　　貓咪學習的方法有兩種，一種是憑藉本能，另外一種則是靠經驗習得（見第 20-21 頁）。記取經驗能幫牠們學會如何成功地跳上門把將門打開，或是學會如何輕敲門扣或按電鈴，讓服務生（就是你）為牠開門，沒錯！正確來說，其實是貓咪在訓練牠們的主人。

　　貓咪的生活技能，如打獵技術，多半是從觀摩母親打獵所學習而來，而非本能反應。雖然貓咪遺傳了野生貓科動物的獵人基因，但是這些只是輔助因素，一隻打獵技巧高明的母貓，通常可以孕育出擅於獵捕的後代；如果母貓不懂得打獵，而新生小貓又沒有兄弟姊妹可以讓牠從旁觀察學習，這樣的貓咪可能一輩子都不會打獵。

及早訓練

　　小貓咪剛出生的頭兩個月是學習社交和技能的黃金時期，在這段期間，小貓咪學習如何和同胞兄弟姊妹相處和聯繫感情，以及開始和人類產生良好的互動（所有飼主所期望的）。若非飼主刻意訓練，小貓咪只會專注在學習應付日常所需的技能，例如：找食物、標記領土來保衛家人、或是找個最舒服的角落睡覺……如此一般而已。

玩耍課程

　　大家都知道貓咪喜愛玩耍，玩耍能提供貓咪很多樂趣。實際上玩耍的功能不僅止於此，它還為貓咪創造了一個完整的學習過程。透過玩耍，貓咪可以從中了解身旁周遭的環境和大自然的法則，從追捕一個移動物品的過程中，貓咪學會何時該行動、該跑多快、什麼才是最佳的攔截角度、後腿推進的力量該如何拿捏，才能讓牠安全地跳到目標物上……諸如此類的種種生存技能，都是貓咪往後生活中受用無窮的技能。

　　開始訓練小貓咪的時候，別忘了玩耍也是訓練過程中不可或缺的一部分。相信小貓咪學習的同時，你也能獲得許多樂趣。

訓練一隻聽話的貓咪

基本訓練的技巧

很多人都以為貓咪有別於狗，且不能被訓練。的確，畢竟我們很少聽見警貓、賽貓比賽、拉雪橇的貓、牧羊貓等名詞。話雖如此，依貓咪的聰明才智，牠們還是很有可塑性的。

貓兒或狗狗

貓咪個性比狗兒還要獨立，也不喜愛為了得到人類的讚賞，而刻意學習新把戲。牠們是物質主義者，唯有得到實質的回報，

牠們才願意學習某種技能。所謂的實質回報，其實就是食物，但這裡指的食物，不是指貓咪的正餐。千萬不要為達訓練目的而延誤貓咪的正餐，這裡指的食物是除了正餐之外的點心，這些點心不能被算入貓咪每天所需的進食分量內。建議飼主隨時改變點心的口味和種類來引誘貓咪，維持貓咪學習的動機和興趣，像是美味可口的小起司塊、小蝦子、或是小片的火腿肉片都是不錯的選擇。有些貓咪不是美食主義者而不為美食所惑，如果你家有隻這樣的貓咪，可以改以玩具取代點心，做為犒賞貓咪的獎品。

初階學習

對家中小貓咪的訓練越早開始越好，首先要幫小貓咪養成良

好的生活作息，規律的餵食和梳理；然後在一天當中找出時間幫小貓咪安排幾次訓練課程。開始訓練的時候，請記得要依照小貓咪的個性來改變訓練的方式，早期訓練的目標應該設立在如何讓小貓咪習慣和你以及其他家人互動就好。過程輕鬆開心比較重要，害羞的小貓咪通常無法像活潑外向的小貓咪一樣馬上融入訓練，如果發現小貓咪有任何緊張不適的徵兆，應當馬上停止訓練課程，千萬要切記：無論是訓練或玩耍，都要讓小貓咪和你樂在其中才行。

有些訓練是為了要獲得正面的結果，如：學習如何使用貓砂盆、活動貓門、回應主人的呼喚，而有些訓練則是用來減少負面的結果產生，像是：阻止貓咪攀爬窗簾或抓扒家中的門柱。當小貓咪通過這些基本訓練並能有效掌控自己的行為時，飼主便可以開始教導小貓咪其他的把戲，像是：乞求動作。我想飼主早已料想到，訓練小貓咪的過程，主人貢獻最多的無非就是無比的耐心，但我可以向你保證，你的付出絕不會白費的。

如廁訓練

戶外和室內

所有貓科家族的動物都是以「潔身自愛」著稱，保持身體的整潔乾淨從不馬虎。為了要維持身體清潔，你家的寵物貓需要一個活動貓門，方便牠們隨時到戶外大小便。或者是在室內放一個貓砂盆，以解決大小便的問題。

越早開始越好

如廁訓練能越早開始越好，最適當的時機點大約是小貓咪三到四周大，開始吃固體食物的時候，藉由初生時期，從旁觀察母親如何使用貓砂盆的機會，大多數的小貓咪都很容易學會如何正確的上廁所，對飼主來說，很簡單就能察覺到小貓咪想要上廁所，牠們會先蹲伏在地、高高舉起尾巴、眼光直視遠方。當你發現這些徵兆，請迅速地將牠牢牢抓起，再溫柔地將牠放入貓砂盆中。如果小貓咪咬你或做出反抗舉動，而不小心將排泄物排放到地毯上，請不要捏牠的鼻子當作懲罰，因為小貓咪無法將懲罰和不當的便溺聯想在一起，絕不要因為小貓咪隨處大小便或是做出任何不當行為而打罵牠們，這時候只須拿出消毒水（不含阿摩尼亞的成分）徹底地將髒汙處清潔乾淨並去除臭味即可。在小貓咪抵達家中的頭幾天，可以每隔一

段時間就把牠放入貓砂盆內，相信你家的小貓咪很快就能學會如何正確的上廁所了。

使用貓砂盆

雖然簡易的貓砂盆就能夠讓貓咪感到滿足，我還是建議主人採購加蓋式的貓砂盆，因為有些生性害羞的貓咪還是比較喜歡這樣的貓砂盆，加蓋的貓砂盆也可以阻隔糞便的異味彌漫開來。加蓋式貓砂盆非常容易購得，在網路上或寵物店都買得到。

在貓砂盆的底端墊上一張報紙或清潔塑膠袋，然後鋪上一層大約四公分（1½ 英寸）的貓砂、松木砂和泥煤苔，這些東西較鋸木屑來得好。許多害羞沒有安全感的貓咪，最愛用凝結貓砂，將貓砂盆固定放置在一個方便貓咪走近的位置，不要隨便移動它，以免小貓咪感到困擾。每天定時清理貓砂一次，然後每個禮拜消毒一遍，可以使用家用的清潔劑。但要注意清潔劑不能含有合成樹脂或柏油的成分，這些化學成分會被貓咪的皮膚吸收，並且危害牠們的健康。

原本行為乖巧的貓咪，卻無緣無故地開始在家中隨便大小便，行徑實在令人無法理解；請詳見第 116-117 頁內文將針對如廁訓練，提出詳盡的對應辦法及改善建議。

貓砂盆

永久的室內貓，或是活動範圍暫時受限在屋內的貓咪──不管期限是只有一個晚上、一整天或是好一陣子，飼主都該為牠們準備一個貓砂盆或便盆。

到戶外玩

第一次到戶外遊玩

小貓咪剛來家裡的頭幾天，盡量讓牠待在室內，直到熟悉家中情況了，再讓牠接觸外面的世界並開始戶外生活的訓練。

踏出第一步

只要天氣情況允許，可以選擇晴朗的一天（當然不能是下雨天），帶著小貓咪到花園或後院玩耍。不過，飼主務必全程陪伴監視著牠的一舉一動，在小貓咪踏出家門前，請先巡視一遍周遭環境，是否藏有任何會危及小

貓咪安全的危險物品，如：殺蟲劑和銳利的花園用具；同時，可以在籬笆和圍牆上架設安全網，最好使用攀岩專用的尼龍繩，以防小貓咪企圖逃跑或失蹤，這樣的情況時常發生在適應不良的小貓咪身上，一旦小貓咪安定下來了，便可以移除這些防護裝置。

家中種植的植物有可能帶有毒性（見第 129 頁），雖然小貓咪不一定會去舔嘗或咀嚼，但偶而也會傳出貓咪誤食毒草的消息，如果主人能在第一天就將這些危機去除，便可以永絕後患、無後顧之憂。

讓小貓咪在你的陪伴下，開始牠第一次的戶外之旅。最好選擇在餐前時間，讓小貓咪到外面玩一玩，這樣一來等你們返回屋內時，就有好吃的食物等著牠，此外，還可以特別準備一些小點

心來犒賞牠，藉此增強小貓咪對室內的好印象。記得要告訴家人，哪些化學品是對貓咪有害的，像是：除蟻噴霧劑、殺蟲劑，避免在家中噴灑這些有害物質。

池塘

除了在圍牆上加裝防爬安全網，家中有池塘的話，也可以在上面覆蓋一個安全網，如果飼主傾向於增設低矮的柵欄，也是個不錯的預防方法。對於小貓咪和幼貓來說，池塘是個極為危險的地方，如果你打算建造一個新池塘，要注意池塘邊緣的深度落差不能太大，這樣一來一旦小貓咪不慎跌落池塘，牠們才有辦法沿著緩坡爬出來。

97

幫小貓咪命名

我是誰？

幫小貓咪取個恰當的名字不容易，但主人應該及早訓練小貓咪，讓牠認識自己的名字並且做出回應。

尋找一個名字

不論你幫小貓咪取的名字是長是短，你都該挑選發音簡短清楚的稱呼，單音節的名字無疑是最順口的，若是雙音節或三音節的名字也無妨，通常雙音節的重音容易落在第一個字上面，如果主人嫌麻煩的話，可以將名字縮短，很多人都喜歡幫純種貓取個複名，但唸起來不太順暢，所以主人應該在名字中找出較響亮的字眼，以方便呼叫小貓咪。千萬

不要忘了幫小貓咪取個名字，就隨意地呼叫牠。

首當要務

讓小貓咪記住自己的名字是最簡單的訓練，幾乎所有的主人都是自然而然地呼叫小貓咪，並不覺得這是一種訓練，每天多叫叫小貓咪的名字，尤其是在餵牠吃飯或吃點心的時候，可以在旁重複地叫著牠。另外，和小貓咪玩遊戲和梳理毛髮的時候，也可以多多呼喚牠的名字；呼叫音調的高低不是特別重要，重點是要勤快地多叫幾次。

很快地，每當聽到牠的名字，小貓咪就會豎起耳朵並將頭轉向你，不用多久，也無須進行「過來」的指令訓練，牠就會自動走向你。當然小貓咪總有不搭理的時候，通常都是牠專注於某件事物上，如吃東西、嗅聞特殊

氣味的時候。

　　訓練小貓咪對自己的名字做反應，不只可以帶給你許多樂趣和方便，在意外發生的時候，還可以幫助牠脫離險境，曾經有隻掉落到深洞的貓咪，就是聽見著急的主人喊著牠的名字而發出求救聲才能成功地被救出。

加深正面印象

用鼓勵取代責罵

貓咪也跟狗兒和海豚一樣，需要循循善誘的指導，即是我們所謂的積極正向教育，用來作為獎勵海豚的犒賞品是魚，而貓咪呢？則是美味的小點心。

創造聯結印象

正向的引導是指在小貓咪聽話的時候，給予小點心以茲鼓勵。有些時候，我們可以做出某些特殊的訊號，來告知小貓咪我們對牠的行為感到滿意。這些訊號可以是一句話、一個聲響，小貓咪自然會把良好的行為、肯定的訊號和獎賞三者聯結在一塊，形成一種良好的印象。

你可以先引導小貓咪做出正確的動作，然後發出表示讚許的聯結訊號，接著立即遞上獎品。任何失敗的（寵物）訓練都歸咎於主人，沒有在下一秒立即說出：「太棒了！賞你一個獎勵！」飼主可以使用一個字，做為讚許的訊號，或者是利用專業訓練師使用的響片來發出訊號，響片是一種訓練用的小道具，可握於手中以姆指按壓發出聲響，廣泛地被用在狗兒的訓練上，在寵物店或網路上即可購得。此外，在寵物店內也可找到貓咪專用的小型響片，在使用響片做為輔助道具的時候，應該要仔細觀察小貓咪的反應。若牠有任何不適，應立即停止響片訓練，因為貓咪的耳朵特別敏感，要是牠們覺得響片的聲音太可怕，請改用其他的發聲裝置。

訓練的時間應該控制在五分鐘內，然後每天執行三次訓練。將小貓咪帶到安靜無擾的空間來進行訓練，最好選在牠餓肚子的時候成效會更好，所以身邊要準備足夠的食物，以應付訓練所需。請務必切記小貓咪唯有心甘情願的時候，才會配合做出動作，如果小貓咪連動都懶得動，是看不出訓練成果的。

1 壓下響片並立即給予小貓咪食物，重複同樣的動作；不久之後，牠就會將聲響和獎品兩者產生聯結。

2 向小貓咪喊著「過來」然後用食物引誘小貓咪，當牠走向你的時候，即壓下響片和送上食物，重複同樣的訓練，最後小貓咪就會將配合動作、聲響和食物三者聯想在一塊。

3 這次不用食物引誘小貓咪，只呼喊「過來」，如果小貓咪愛理不理，仍要壓下響片並給予食物，你的目的是引導小貓咪做對的事，小貓咪終究會理解，只要完成指令就會聽到聲響，運氣好的話還有東西可吃。

活動貓門

穿梭室內外

活動貓門是一個完美的設計，它提供貓咪自由和機會一探戶外的花花世界，也讓主人可以控制貓咪的進出，最重要的是，活動貓門阻隔了外面的不速之客（貓咪）。

使用活動貓門

小貓咪需要你的幫助來認識和使用活動貓門，光從外表觀察，小貓咪無法得知活動貓門的用處，這時就需要一個耐心十足的主人來幫助牠。

此項訓練的宗旨就是讓小貓咪理解，穿過活動貓門不但可以

看到家門以外的世界，同時，牠還是可以隨時回到家中──一個供應牠食物、關愛和安全感的溫暖地方。為了要創造這樣的印象，飼主最好在訓練的時候準備足夠的食物和點心，好讓小貓咪一進門就受到熱情的迎接；不要一下子就將小貓咪推進推出，貓咪不喜歡被捉弄的感覺，最好是用夾子或膠布支撐固定住門蓋，暫時將門蓋維持掀起的狀態，這樣一來小貓咪可以看到門外的動靜，由牠決定自己的步調。

飼主的第一步應該先鼓勵小貓咪進門而不是外出，為吸引小貓咪進入屋內，在屋內這一頭放著牠最愛的食物和玩具，讓牠一進門就看見，下一步就是將門蓋放下至半開狀態，這樣小貓咪就須使點力氣，用腳或用頭才能把

門推開。要學會使用活動貓門，可能會花費小貓咪許多功夫，不過通常不超過一個禮拜，牠就能很快地學會，飼主只要保持耐心、盡量忍住別發脾氣，相信很快地就會看出成果。

帶貓咪遛達遛達

套上牽繩

貓咪向來以熱愛自由，獨立自主著稱；一般來說，很少見到貓咪可以像狗一樣被牽著走，但是其實貓咪還是有潛能可以被訓練使用項圈和牽繩，跟著主人散步去。

某些個性順從乖巧的貓種，較適合進行牽繩訓練，波斯貓並不屬於這一類的貓咪。但是像俄國藍貓、暹邏貓、緬甸貓都很適應於套上牽繩外出。

從小做起

飼主如果決定要使用牽繩，最好是在家中貓咪還是幼貓的時候，就開始牽繩訓練。通常牽繩應繫在胸背帶上而不是項圈，在初期為小貓咪戴上胸背帶並讓牠在室內走動一陣子，使小貓咪習慣身上有胸背帶的感覺；在這個階段還不要繫牽繩或者是指揮小貓咪行動，更不要催促牠，保持耐心是種美德，訓練成功與否的關鍵即在於耐心。

當小貓咪已經忘記身上胸背帶的存在，也沒有試圖用腳將胸背帶拆除，此時就可以繫上牽繩了。請選擇專為貓咪或小型犬設計的細長牽繩，避免選擇厚重皮革材質或是伸縮型的牽繩，那樣的牽繩比較適合用來控馭獒犬。繫上牽繩後，讓小貓咪拖著牽繩在屋內四處走動，同時注意牽繩會不被家具卡到或壓住，然後逐漸地加長小貓咪戴胸背帶的時間。

待小貓咪習於拖著牽繩走來走去了，試著牽起牽繩的另一頭。先在家裡轉一轉，然後在好天氣時到戶外的花園走一走，但不要強制拖行小貓咪。時機成熟時，小貓咪自然會習慣和你一起散步的感覺，如果牠感到不舒服，或者對戶外的情況感到害怕和無所適從，此時請馬上停止牽繩的訓練。

離家散步

　　離開住家範圍，到街上散步又是另外一回事，路上突然出現的貓咪或好奇的狗兒都有可能會導致貓咪受傷，飼主要提高警覺，隨時準備將貓咪一手抱起。公園則是比較理想實際的散步場所，可將貓咪放入提籠前往目的地後再放出；若發生任何突發狀況，提籠還可以作為貓咪暫時避難的空間，假使你家的貓咪，有榮幸可以和你一同到外地旅遊和觀光，這時牽繩就成了一個很好的幫手，讓你帶領貓咪探索未知的新領土，同時又可以掌握貓咪的行動，避免貓咪在新環境中走丟。

別動 喵喵別動

何時該停下來

有些必要時刻，主人必須阻止貓咪繼續往前行進，好比說：攔阻貓咪走向車庫前潑灑過防凍劑的走道，或是阻止貓咪偷吃晚餐桌上剛煮好的魚。

這個用來調教小貓咪的招數，是我認為最簡單易學的一招技倆，你所需要準備的就是找一個安靜的地方、一張桌子、一把椅子、一些佳餚點心。當然還需要我們的主角——小貓咪，訓練時間最好是選在飯前時刻，飢腸轆轆的小貓咪碰到美食當前時配合意願較高，每次訓練時間不超過四或五分鐘，每天執行二到三次訓練即可；到最後不需食物引誘，貓咪自然會對你的呼應做出反應。

下一步即可以依照同樣的方式，將小貓咪放在桌上並開始訓練坐下的動作，如果牠不坐下的話，主人可以發出指令「坐～下」兩字，「坐」的發音要輕緩，同時用手輕壓小貓咪的臀部，當小貓咪聽命坐下時，便喊一聲牠的名字並順勢給予獎勵（見次頁的步驟二）。

溫和的訓練方法

飼主永遠都要牢記一點，貓咪只適合溫和的訓練對待，任何強迫的訓練，對貓咪來說一點都不管用，一旦貓咪做出正確的行為舉止，便給予食物或大肆地讚美一番來強化加深貓咪的印象。

1 讓貓咪趴臥在桌上，這樣面對面的高度才會一致，避免直瞪著貓咪看，以免貓咪產生敵對感。自然的眨眼可以幫助牠們放鬆和卸下心防。一開始，貓咪會站立或坐著對著你瞧，不過一會兒牠們就會失去興趣並轉身走開。

2 馬上叫出貓咪的名字並指示牠「別動」，將手掌朝著貓咪，保持約三十公分（十二英寸）的距離，最好慢慢吐出「別～動」兩字，第一個「別」字發音要輕要緩，貓咪即會對「別」字做出反應，音調不宜過度催促以免驚動貓咪。

3 一旦貓咪順勢停下時，立即喊出貓咪的名字，然後送上少量的食物、點心當作獎品。反覆同樣的訓練。

過來 喵喵過來

隨叫 不一定隨到

當貓咪學會了「別動」的指令，即可開始教導「過來」的動作，這個寶貴的習慣養成後，飼主日後便可以輕鬆地召喚貓咪進屋，即便你養的是室內貓，這個動作也能幫助你和貓咪，建立起更緊密契合的關係。

只要小貓咪將服從指令和獎品聯想在一塊後，牠就會更熱切地想要學其他的指令，這一次你將不再需要準備桌椅，只需要找個安靜的場合和備好點心即可。訓練時間不宜超過五分鐘，每天盡量訓練二到三次即可。進行訓練時，要隨時注意小貓咪的反應，確保過程愉悅輕鬆，每次訓練都以大量的讚美和撫摸來結尾。

假若你們家的小貓咪喜歡到戶外玩，可以選擇在飯前讓小貓咪到外面玩個半小時，餐點準備好時，便將小貓咪喚回，這也是一個很好的「過來」訓練。當小貓咪雀躍地從活動貓門或前門奔回屋內時，立即拿出食物好好招待牠，同時，在旁大力誇讚小貓咪說牠好乖。如果還不到用餐時間，只要小貓咪聽見呼喊而返屋的話，也要給牠嚐嚐點心以茲獎勵。

耐心

無論在何種情況下，都不要讓怒氣或壞脾氣影響你。飼主發出指令時，語調應該要溫和愉悅、和緩，千萬不要大聲責罵貓咪。

1 將貓咪放在地上，輕聲給予貓咪一個「別動」的指令，若貓咪安靜地趴坐下來。此時，走向前方離貓咪約兩公尺（6英尺）的距離，然後停下。

2 停頓幾秒後，用愉悅的聲調向貓咪呼喊「過來」和貓咪的名字。

3 只要貓咪照著指示朝你走過來，就犒賞地點心，然後好好誇獎牠和拍拍牠，重覆個幾次同樣的步驟，但是這次將等待的間隔時間拉長，再發出「過來」的指令。

央求動作

最有魅力的行為

當貓咪學會了「別動」和「過來」的動作後，就可以進行令所有飼主都著迷的一個動作訓練──「央求」動作，從今以後，無論在任何情況下，貓咪都能透過這個有禮貌的完美動作得到好吃的食物。

這個動作適合所有貓種來學習，而短毛貓通常都可以很快地就學會這個本領，今後你會驚喜地發現，當貓咪看到好吃的食物，就算飼主沒有下達指令，也會自然地做出「央求」的行為，因為牠們是發自內心想得到點心。

嘗試在家中不同的地方進行「央求」動作訓練──室內或屋外（若天氣允許的話）。不久之後，只要聽到指令，貓咪就會做出「央求」動作。但避免濫用這個動作，不然貓咪會搞不清楚到底是為何要央求？畢竟貓咪是講求動機的動物，每個動作背後都該有個目的。

讓貓咪看到你手邊的點心，然後下達「坐下」和「別動」的指令；教導這些動作時主人得特別當心，每當貓咪服從指令後，都會期盼著有點心犒賞；如果這樣的結果會造成你的困擾，可以將獎品改為玩具，而貓薄荷則是最佳取代品。

回饋式訓練

雖說貓咪是個獨立的動物，經過美食的誘導，也可以被訓練成乖巧聽話的寵物。但因性情的差異，每隻貓咪對訓練也會產生不同的態度，這一點主人要永遠謹記在心。

1 將食物放在餐盤上或是抓在手上，引起貓咪注意並讓牠好好聞聞看。

2 將食物舉高，越過貓咪的頭部，約至貓咪須伸長脖子，才能用嘴巴觸及的高度。這時說出「要要」（代表央求的字眼）和貓咪的名字，要注意別讓貓咪感到挫敗，若貓咪表現出一副為難的樣子就停止訓練。

3 不久貓咪會試著伸出一兩隻手掌，當牠企圖抓取時，立即說出：「好棒！」和貓咪的名字，接著遞上點心。假使貓咪只伸出一隻手掌，可以將食物放低吸引牠伸出雙掌，每天實施重複的訓練二到三次，但每次訓練不超過五分鐘。

不良行為

不受歡迎的自我介紹

失常的領土標記行為

貓咪會用噴灑尿液和排放糞便的方式，來標記牠們的領土。這種行為發生在戶外是可以容許的，雖然貓咪可能會汙染了鄰居的草坪。但是貓咪如果弄髒了屋內家具，或是你最愛的椅子的話，那就另當別論了。

找出原因

要找出不當便溺的原因相當不易，不當便溺行為通常與貓咪自身壓力和不安的情緒有關。也許是你家中出現了新寵物或剛出生的新生兒使得貓咪感到威脅，或是有厚臉皮的不速之客從活動貓門入侵家中，在多貓家庭中，公貓之間為了一較地位高低，也會做出這種不當舉動。追根究底來看，這些行為都與捍衛領土有關。

主人只要找到原因並對症下藥，就能大大改善情況。千萬不要用懲罰的方式來解決問題，因為責罵也於事無補，只有徒增貓咪心中的壓力和不安罷了。

糾正不當便溺行為

一旦貓咪在家中某處留下了便便，有天當味道逐漸散去後，牠又會回到原點加點新味，所以主人發現有便漬時，就該馬上清除乾淨，先用熱水沾濕抹布後，再沾點未含化學成分的清潔藥劑，待乾後，再使用消毒酒精殷勤徹底地擦拭同處，要選擇不含氯或阿摩尼亞物質的清潔用品，因為貓咪尿液中也含有這些物質，氯或阿摩尼亞的氣味會造成貓咪的誤會。

當髒汙徹底被清潔過後，可將貓咪的食器碗盤、最愛的玩具、睡床擺置在附近，來加強貓咪的領土意識。另外一個有效對策，就是拿出毛巾擦拭貓咪的臉部，沾染一些牠的氣息，然後再用同樣的毛巾擦拭牠先前標記尿液氣味的地點，這樣一來就會讓貓咪寬心並確認這裡已經是牠的地盤，不用再加工標記。

在室內尿尿

為何拒用貓砂盆？

貓咪是愛乾淨有潔癖的動物，話雖如此，有的時候，就算家中有擺設貓砂盆，貓咪卻寧可選擇在家中其他地方大小便。

室內訓練

貓咪在屋內不當便溺，不全然是因為對領土沒有安全感而造成，可能是因為貓咪從未受過室內大小便訓練，因此不知如何使用貓砂盆，或是還沒有掌握到使用活動貓門的訣竅，所以才無法

及時到屋外排泄，如果家中沒有設置活動貓門，那麼貓咪一定是不曉得該向你表達牠的迫切需求。

習慣到屋外解決大小便的貓咪，通常不會去使用貓砂盆，所以當你發現牠失了準、尿在屋內，可能是因為花園裡突然出現了一隻讓人不寒而慄的公貓而造成；或者是貓咪憋尿到了忍無可忍的地步，所以才會不小心一洩千里。

更換貓砂盆

貓咪為何不使用貓砂盆？問題可能在貓砂盆本身，貓咪跟大部分的人一樣，無法在眾目睽睽之下大小便，主人應將貓砂盆放置在一個靜謐並鮮少有人走動的地方，避免將貓砂盆放在活動貓門和走道附近，或者置於樓梯

下方。加蓋式貓砂盆除了可以讓貓咪在如廁時享有隱私，另外還有其他的附加價值，其一就是能減少臭味四溢，其二就是能防止貓咪用腳扒埋糞便時，將貓砂灑得到處都是。

　　跟人類一樣，貓咪也不喜歡在廁所旁邊吃飯，基於用餐禮儀，牠們堅持用餐地點一定要和廁所劃清界線；如果飼料盆和貓砂盆被放在一塊──這種組合很常見，貓咪可能會拒絕在你幫牠們安排的地方上廁所。

　　貓砂的選用也是學問之一，牠們喜歡在質地鬆軟、容易挖扒的貓砂上面排泄。質地粗糙的木屑或紙屑貓砂，不利於貓咪細嫩的腳掌久站或扒埋，尤其是在使用數次後更是難以忍受。貓咪會藉由尿在柔軟的地毯上，來表達對貓砂的不滿。嘗試多種不同種類的貓砂，直到貓咪找到最舒適、最喜歡的貓砂為止。

不當便溺

狀況檢視表

　　有許多原因都會引起貓咪在家中隨地大小便，可能是領土受到威脅所產生的壓力而導致，也可能是貓咪不喜歡現有的貓砂盆或其擺設的地點，如果你發現貓咪有這樣的問題，可以檢視以下幾種情況，找出適當的解決辦法來根治問題。

- 你確定貓咪隨地大小便只是單純的調皮搗蛋？不是因為身體不適所造成的嗎？貓咪的排便和泌尿系統是否出了狀況？是否出現需要醫治的毛病？如果心中存疑的話，請盡速幫貓咪安排獸醫看診。

- 所有會引起不當便溺的外在因素，是否都已經被一一排除解決？（見第 117 頁）

- 不當便溺的行為是否反射貓咪內心的壓力和焦慮？家裡附近

可曾出現入侵者來爭奪地盤？多貓家庭裡是不是發生了搶奪領土的情況？如果發現任何可疑的原因，飼主都必須除去問題根源而不是一昧地懲罰貓咪。

- 有沒有人惹毛了貓咪？最近家中是否出現了厭惡貓咪的陌生成人？或是有個喜歡找寵物麻煩的小孩去驚擾了貓咪？

- 最近飼主是否對貓砂盆做了任何變動？（見第 116-117 頁）是否記得定期清理貓砂盆？還是最近幫貓咪換了不同樣式的貓砂盆？

- 貓咪排放大小便的汙漬是否已徹底清潔乾淨？殘留的臭味是否已被掩蓋去除（見第 117 頁）？

- 多貓家庭的飼主是否替每隻貓咪準備各自的貓砂盆？貓咪喜歡擁有專屬的貓砂盆僅供專人使用，請將貓咪各自專屬的貓砂盆分散放在家中不同的地方。

- 貓咪進入貓砂盆是否不慎受阻？活動貓門是否卡住了？

- 貓咪是不是變胖了？所以才無法通過加了蓋的貓砂盆？如果貓咪胖嘟嘟的身體，阻礙牠穿越貓砂盆的出入口，飼主應考慮加大出入口或者是另購更大的貓砂盆和遮蓋，同時，也該考慮幫貓咪到附近的獸醫院報名貓咪減重班。

從抓開始

向家具伸出「魔」爪

貓咪喜歡到處抓扒，尤其是朝著那些最不該下手的地方伸出魔爪。留下爪痕也是貓咪標記領土的一種方法（見第 74-75 頁）。經由抓扒，貓咪可以順便伸展運動和修磨趾甲，此外貓咪特別喜歡抓扒，主要是因為牠們可以藉由抓扒來感受各種物品表面的質地和觸感。

貓咪抓扒的對象，無非是沙發或扶手椅的後方，要不就是把壁紙當貓抓柱並留下清晰可見的印記痕跡。

貓抓柱

要怎樣才能制止這樣的惡行惡狀？到寵物店選購貓抓柱、貓抓三角錐、或者是壓縮瓦楞紙磚，就可以改善貓咪破壞家具的情況，或者你可以利用麻繩纏繞木棍，自製一個貓抓柱。最好在上面噴撒一些貓薄荷精油，將這些裝置放在貓咪覺得需要時常捍衛標記的地方，比如說門邊和通道的出入口旁，貓咪需要被教導如何正確使用這些用具，當你發現貓咪虎視眈眈，準備朝你的寶貴家具下手時，立即將貓咪帶離並放牠在理想的抓扒定點，當貓咪開始在正確的地方抓扒，立刻發出肯定訊號，如響片或鈴鐺那些讓貓咪聯想到食物獎勵的聲響（見第 100-101 頁），接著即拿出點心作為獎賞

從抓開始

貓爪套

　　有些飼主因顧慮家中貴重的所有物被破壞，所以選擇幫貓咪帶上貓爪套，但是貓爪套不但限制了貓咪劃記領土的天生好本領，貓爪套還容易沾上貓咪的排泄物殘渣而造成衛生上的問題。

並給予讚許，越早開始執行這樣的訓練越好！多貓家庭內則需要準備多個貓抓柱才行，利用外科手術麻醉貓咪來拔除貓趾甲是非常極端的防範做法，動物去爪手術在許多國家——例如英國和澳州都是被視為禁行的非法手術。

121

過度清理

乾淨？乾淨過頭了

　　貓咪喜歡自理外觀，不過主人要是能代勞整理毛髮，牠們會感到更開心，當然牠們也會自行打理身體。同時在多貓家庭裡，貓咪也會幫其他的貓咪梳理身體，但是清理過了頭的話，最後也會演變為問題行為。

失控的梳理

　　梳理毛髮在貓科動物社會裡是一個很重要的儀式，這個動作不但可使毛髮常保柔順，透過梳理的刺激，貓咪體內還會釋放能安定神經的腦內啡幫助放鬆緊繃的身體，另外，貓咪互相梳理對

方的被毛，更可以鞏固彼此之間的情誼，人類幫貓咪梳理毛髮也能穩固兩方之間的關係。

　　但是，如果貓咪除了睡覺和吃飯以外，成天閒來無事只顧著舔理毛髮，就會有梳理過當的問題產生，過度舔拭有可能造成毛髮大面積的脫落或者引發皮膚炎，如此一來，貓咪的容貌將變得不太美觀；此外，貓咪吞入的大量毛髮（尤其是長毛貓的毛髮）可能會形成毛球堆積在胃裡，造成消化腸道阻塞，嚴重的話，搞不好得開刀取出毛球才行。

起因和治療

　　當你發現貓咪有過度舔拭身體的問題，請先帶貓咪到獸醫院檢查皮膚是否有敏感問題，假使

皮膚狀況並無異狀，過度舔拭的問題則可能和貓咪自身的壓力和焦慮有關。想一想貓咪的壓力是否來自於家中剛搬進來的新成員或新出生的小嬰孩？或是隔壁那隻吠叫不休的狗狗？一旦釐清癥結的所在，一定要想辦法馬上把問題移除。

若懷疑貓咪過度舔拭的問題，可詢求獸醫的幫助，獸醫會依情況，引見合適的動物行為治療師，來幫助你改善貓咪過度梳理毛髮的問題，最有效且根本治療的方法，就是改變貓咪的生活習慣，給貓咪更多獨處的時間，讓牠享受片刻寧靜，為牠準備一張舒適柔軟的床位，若能加上一個可以讓牠藏匿其中的紙箱

就更為理想。當然貓咪最需要的東西，莫過於主人無盡的關愛擁抱和呵護。

家中養的貓咪要是長毛貓的話，主人要勤於多梳理貓咪的毛髮，避免貓咪將過多的落毛食入體內並在胃腸中結成毛球。

無聊生活 大搞破壞

獨自在家的貓咪

雖說許多貓咪懂得享受獨自在家的生活，就算超過八個小時，甚至於更久都無所謂，但是有些貓咪可無法忍受無聊，當貓咪閒得發慌，牠們內心的小惡魔就會蠢蠢欲動，開始指派任務給牠們做了，這時貓咪可能就會開始亂刮亂劃、隨地大小便，然後在你回家的時候，板著一張臉、擺臉色給你看。

主人外出一整天

當全家都外出上班了，被留在家中的貓咪也許會感到憤憤不平，牠可能顯得沮喪、降低活動力、不太喝水或吃飯；另一種相反的情況則是變得更黏人、急迫地想要得到主人的注意和關愛、甚至發出控訴主人的哀怨叫聲。

碰到這種情況，主人該如何在陪伴貓咪和工作之間找到平衡點呢？這時你可以幫貓咪準備許多娛樂玩具，像是：遊戲跳台、專屬遊戲區、箱子和玩具，讓貓咪可從中得到許多樂趣。你也可以到寵物店或網路商店尋找各

式各樣的遊戲和玩具，有些主人會在離家前刻意打開收音機，播放一整天的談話性節目，依貓咪喜好而定。

從心開始

你也可從心理層面下手來改善貓咪無法獨處的問題，當你返家時，花個十五分鐘跟貓咪一起玩耍，時間一到就停止遊戲，接下來的三十分鐘完全不要理會貓咪，當作牠不存在；若貓咪跳到你的膝蓋上，請不發一語地將牠放在地上，三十分鐘的時限一到，就回復到正常的互動模式。你大概需要花費一兩週的時間來完成這樣的訓練，訓練過程中，貓咪可能會更變本加厲地想要討好你，只要你能堅持態度，牠終究會理解有些時候牠可以盡情地和你遊玩並分享一切歡樂，有些時候你們必須分開一陣子去做各自的事情。

吃的怪癖

貓咪的奇珍異食

　　貓咪有時候會嘗試咀嚼或吞食一些不該吃的違禁品──連人都不適合吃的東西。這種行為可能會對貓咪的身體帶來傷害，所以主人務必要提防和避免這種情形發生。

飲食習慣

　　貓咪喜歡吃的怪食包括：塑膠、橡皮、紙類等東西，但最怪的食物莫過於毛線了；喜歡嚼食布料的貓咪通常不是因為嘴饞而是貪吃罷了，而喜歡吃紙類的貓咪則是嘴饞又貪吃。

　　亂吃不當的物品，可能會引發貓咪腸胃問題，毛線是所有物品當中最傷害腸胃的。雖然人類一度以為只有暹邏貓會吃毛線，但是最近卻也發現許多東方系貓種和花園貓也會吃毛線，我曾醫治一隻將整團毛線吞入身體的緬甸貓，當牠的嘴巴還咬著毛線的一頭的同時，毛線的另一頭已經從身體後方排泄出來了。

為何會亂吃東西？

　　小貓咪可能在斷奶不久後養成這個不好的習慣，一般而言，貓咪大約在二到四個月大左右開始出現這樣的行為，貓咪亂吃東西的原因可能與基因有關，但最主要的誘發因素，可能還是與貓咪最熟悉的敵人──壓力有關，尤其是搬家所造成的壓力，許多小貓咪在這段時間常碰到搬家情形。再者，若生活無聊至極、苦

不堪言，也會導致貓咪亂吃東西來發洩挫折感（見第 124-125 頁）。

正視問題

如前章所述，懲罰貓咪是最下下策，最好永不使用；主人可以將那些違禁品收好，不讓貓咪有接觸到它們的機會，但是如果你們家有些凌亂，想要阻止貓咪不亂吃東西可就防不勝防了，以下幾點可幫助你改善貓咪亂吃東西的情形：

- 在貓咪準備下手的東西上面噴灑刺鼻難聞的驅離劑 —— 寵物店可購得。
- 增加貓咪正餐時間的趣味，把部分的食物藏起來，讓貓咪自行尋找；或者在飼料上多做變化，增加一些需要咬嚼的食物。
- 為貓咪準備多些玩具，最好是可以激起貓咪獵殺鬥志的玩具。

有關貓咪啃食家中植物的相關問題，請翻至第 128-129 頁參見更多建議。

貓咪是食草動物

貓科動物界的採花賊

即便是已經吃飽了，有些貓咪似乎還是有閒情逸致鑽研園藝，喜歡嚐嚐屋內外的植物的味道，吃吃草雖然有益貓咪健康，但是無論是室內或屋外都有可能生長對貓咪有毒的植物，飼主要特別當心。

許多植物的葉子中都含有幫助貓咪催吐體內毛球的刺激物質，這也解釋了為何貓咪喜歡品嚐各式各樣的植物，不過貓咪也許只是喜歡嚼食植物的口感罷了。飼主可以在室內花盆上噴灑有嚇阻作用的驅離劑（可至寵物店購買）來防止貓咪去舔它們，但是對於戶外的植物，驅離劑起不了多大的作用，所以飼主必須特別提防，貓咪（尤其是小貓咪）去舔拭或誤食屋外的有毒植物（見第 96-97 頁）。

室內園藝

如果你家的貓咪是隻室內貓，平常沒有機會到花園活動，可以為牠栽種一盆植草供牠食用，飼主可以在寵物店買到一小袋的植草種子和堆肥，下列還有許多貓咪特別喜愛又非常適合栽種的植物，可供你參考：

- 禾草（小麥草或燕麥草）
- 繁縷
- 牧草（專給小馬食用的）
- 貓薄荷
- 鼠尾草
- 麝香草

有毒植物

　　下列是對貓咪有毒的植物，無論是被培育在室內或生長在野外，飼主都應該要避免貓咪有接觸到下列植物的機會。

- 五彩芋（大象耳葉）
- 鐵線蓮
- 黛粉葉（啞蔗）
- 聖誕紅（一品紅）
- 常春藤（攀藤類）
- 金鏈花
- 香豌豆（甜豆）
- 槲寄生
- 夾竹桃
- 蔓綠絨
- 桂櫻（月桂、櫻桂）
- 杜鵑花
- 瑪瑙珠（假聖誕果、冬珊瑚）

家有胖貓

吃太飽也不好

　　貓咪常因為某些因素開始毫無節制地越吃越多，得到的結果，想當然耳就是日漸肥胖，就像許多現代人一樣，越來越多的貓咪也有過胖問題的煩惱。

食物太多

　　剛生完孩子的貓咪或大病初癒的貓咪通常吃得比平常來得多，但是有些健康的貓咪卻常常沒來由地變得出奇貪吃，這種情形常發生在室內貓身上，長期飲食過量的結果，便引來了許多健康疾病，像是第二型糖尿病。

為何暴飲暴食？

　　過度進食的貓咪可能早有健康上的毛病，例如體內寄生蟲、患有糖尿病、胰臟或甲狀腺方面的疾病，我認識最胖的貓咪是居住在美國康乃狄克州，一隻毛色黃白相間，名叫小辣椒（Spice）的貓咪；牠生前因受到甲狀腺機能低下的病痛干擾，體重曾重達十九‧五四公斤。當主人發現貓咪有飲食過量的問題時，請務必

及早帶牠們做身體健康檢查，這樣一來才能確保生病的貓咪早點得到妥善的治療。

健康的貓咪如果變得愛吃，其原因可能與無聊、壓力、或是你餵食的方式有關，如果發現貓咪吃太多，可以多跟牠們玩耍或提供玩具以轉移牠們對食物的注意力，當你發現貓咪暴食與日常生活中的壓力有關（見第 116-117 頁 或 124-125 頁）；你可以設法移除壓力根源，或者減低壓力來幫助貓咪。

另外，也可以將每天餵食次數減少到兩次，如果貓咪在三十分鐘內沒把食物吃完，就把飼料盆收起來。

飼主也可以請獸醫師幫忙開出減重飼料配方，幫助貓咪攝取均衡的營養，同時又達減重效果，更別忘了多跟貓咪玩耍，鼓勵牠們多活動活動身體。

離家出走

一去不回頭的貓咪

即便主人千百般不願，有天你家貓咪仍然很有可能會選擇收拾行囊離家出走；你定時地餵食貓咪，每晚都看著牠香甜地睡在窩裡，對貓咪的照顧可說是無微不至，更不可能虐待牠，但是為何牠還是選擇離家出走？

無論你家貓咪有多麼溫馴聽話、多麼安於現狀，在牠們心底仍藏著一個獨立的自我，貓咪永遠都是自己命運的主宰者，當牠們碰到下列情況時，便會興起離家的念頭。

- 家中貓咪可能無法融入社區內的貓群而顯得格格不入，這件事情處理起來極為棘手，你可以和另外一隻問題貓咪的主人商量協議，錯開兩隻貓咪的外出時間；順利的話，就能排出理想的時間表，讓兩隻貓咪王不見王，輪流外出遊玩。

- 家中剛出生的小嬰兒或是主人新飼養的狗狗搶走了貓咪的風采，這時，主人要注意給予貓咪許多的呵護並多花時間跟牠玩耍。

- 如果你剛搬新家，貓咪很可能會想返回原來熟悉的舊家，在搬家的同時，記得將貓咪的床鋪和隨身物品帶到新家去，讓貓咪能夠聞到熟悉的氣味。另外，剛搬進新家後的兩週內要禁止貓咪外出，兩週之後便可以在飯前時間，開始讓貓咪到花園活動探索一下。

- 另一個令人出乎意料的原因，可能是因為主人過度關愛才把貓給逼走，盡量不要投入太多注意力在貓咪身上，讓貓咪主動找你撒嬌。

安全的避風港

主人一定要記得，那些對於領土的依戀大過於對於主人依賴的貓咪，到外面探險了一段時間之後，遲早還是會迷途知返的，因為貓咪知道家裡提供了牠們避

難的地方、舒適的床、完整的隱
私、食物、滿滿的愛，如果主人
擔心會失去貓咪，最好永遠限制
貓咪只在室內活動。

結紮？似乎對我沒有影響

仍然放蕩不羈

　　就算是結紮了，你家的公貓碰到了家中或鄰居的母貓發情的時候，是不是還是顯得性致勃勃？這樣的情況可能不算少見。

　　結紮過的公貓，為何還願意配合母貓演出繁瑣的求偶儀式並且發生性關係？這是因為體內主掌性荷爾蒙的睪丸雖然已被移除，但公貓身上其他的腺體——腎上腺，其分泌的少量腎上腺素，仍足以讓公貓感到雄風不減，當然你家的公貓是絕對沒有機會再繁衍下一代了。

　　結紮過的母貓雖然不再發情，但還是會被鄰近的公貓虎視眈眈地盯上，有些不堪其擾的母貓，甚至會不想出門，因為牠有可能會在路上碰到騷擾牠的公貓，同樣的道理，母貓持續散發吸引力，主要是因為母貓體內仍然會散發微量的雌性化學氣味，其主要的成分就是女性荷爾蒙。

　　碰到這樣的情形，飼主可以幫助貓咪的地方有限，不過飼主可以加強花園和後院的圍牆防

守，在周圍加設防闖護欄或護網來防止貓咪受到干擾，同時，請確認護欄和護網的高度要足以阻隔外面貓咪的闖入，最後一道防備就是將母貓軟禁在家裡，但是這是別無他途才使用的方法。

性慾過度旺盛

有部分的貓咪有性慾過盛的問題，以公貓而言，原因當然與沒有結紮有關，不過根據某些專家的說法，公貓性慾高漲可能與缺乏快速動眼期（REM）的睡眠階段有關連，貓咪跟人一樣，通常會在這段睡眠時間內做夢。

母貓性慾過盛則必定與卵巢濾泡成熟有關，若貓咪發情次數變得頻繁、為期更久，主人可以讓母貓接受子宮和卵巢摘除的手術以解決性慾問題（見第80-81頁），碰到類似的問題，請向獸醫求助專業指引。

貓咪發瘋了嗎?

瘋狂時刻

你也許看過這樣的情況:前一秒貓咪仍安然地睡在毛毯上,下一秒卻突然彈了起來,然後漫無目的地竄跑。

精力旺盛?還是生病了?

看著貓咪四處奔馳是件愉快的事,雖然貓咪體重不重,但當牠們飛奔在樓梯間時,腳掌所發出的踩步聲卻十分沉重,某些血統的貓咪有著特別大的腳掌,如長毛貓和伯曼貓的步伐即是又沉又穩。

為何你家可愛的小毛球突然疾速狂飆了起來?你可以把這樣的行為看作是貓咪生活中的樂趣之一,然而這樣的行為也有可能與貓咪大腦方面的疾病有關,例如:傳染病(最有名的即為狂犬病)、腫瘤、病毒感染或是荷爾蒙分泌異常,不過感謝老天爺,這些都不算是普遍常見的症狀,所以飼主無須過於擔心。

顫搐性貓病

也許你還碰過另一個奇怪的現象,就是貓咪的皮膚突然抽搐形成波動,接著貓咪便跳了起來,開始毫無目標地四處亂竄,這個現象也就是我們常見的顫搐性貓病,當顫搐性貓病發作時,貓咪好像產生幻覺,似乎看到或夢到了什麼令人害怕的東西,嚇得貓咪到處亂跑,到底貓咪在想

什麼？主人永遠無法得知，科學
家認為，貓咪出現這樣的行為，
是因為腦內產生了短暫的化學物
質變化所致，如同人類服用迷幻
藥後的效果一樣，主人無須特別
擔心貓咪的狀況，你的貓咪沒有
生病更沒有發瘋，稍等片刻貓咪
就會回復正常的行動了。

害羞的貓咪

天生嬌羞靦腆

貓咪跟人類一樣，天生帶有害羞內向的個性傾向。
但是，也有許多外在原因會導致貓咪變得躲躲藏藏。

大多數貓咪的個性都很外向勇敢並且具有冒險精神，但是也有部分貓咪的性情特別內向保守，多半的時間都喜歡躲在床下或是角落裡的紙箱裡面，這是貓咪天生的個性所致，跟外在環境無關，所以主人無須將牠們從藏身處拖出，強迫牠們融入熱鬧的生活，更不該因為貓咪的孤僻而懲罰或打罵牠們，這些都是無意義的嘗試，這時主人應該要更溫柔更親切地對待貓咪才對。

改善害羞的良方

透過藥物的治療，貓咪害羞的行為可以獲得良好的改善，有些獸醫會採用順勢治療法醫治貓咪，藉由開出降低焦慮的藥物來幫助貓咪，使牠們不再躲躲藏藏，這些藥物通常不會造成副作用，也不會讓貓咪產生依藥性。

另外一個方法就是使用人造合成的費洛蒙，這種氣味類似貓咪臉部腺體散發出的味道，有降低壓力和安定情緒的效果。這個方法連帶的好處，就是可以一併改善貓咪其他惱人的問題行為，像是抓花家具或隨地大小便的問題。

不要心急

無論貓咪畏縮的行為是與生俱來或後天養成，主人一定要記得給予貓咪多點時間適應生活，

讓貓咪照著牠的步調行事，你的態度應該從容不迫而非咄咄逼人，當貓咪現身吃飯的時候，別過度熱情地催促牠，你只要輕聲地稱讚貓咪，輕撫牠的身體，然後再拿出一些點心餵餵牠，最好在貓咪剛到你家的初期，就從家中派出一位代表來專門負責餵食貓咪，待貓咪建立自信心後，再讓牠接觸其他的家人。

誰來探訪？

貓咪的排外心態

　　許多貓咪碰到陌生人都容易產生戒心，尤其是雙方剛碰頭的時候，貓咪便馬上對陌生人心生厭惡；這種狀況看來一點都不令人意外，因為這也許是貓與人類長久以來處於緊張關係所致。

　　幾千年來，貓咪和人類一直處於緊張不安的關係，貓咪長期受到人類的虐待和殘害，直到近世紀虐貓的情況才漸漸獲得改善，即便如此，虐貓的事件至今仍然時有所聞，所以打從牠們老祖宗開始，貓咪就懂得提防人類，這種本能一直被遺傳到現今的每隻貓咪身上，包括你家的寶貝貓在內，如果貓咪在幼年時曾與人類產生嫌隙，或者曾經受到人類不好的對待，更會加深貓咪對人類的不信任感和戒心。

　　貓咪會藉由許多方式來表露牠們對陌生人的畏懼，假使貓咪自覺身處環境備受威脅，又沒有後路可逃跑，牠可能面露難色並發出憤怒的喵喵聲，甚至發出攻擊，其他的情況下，貓咪可能會變得躲躲藏藏或避免和陌生人正面接觸；此外，貓咪也有可能隱藏或掩飾害怕的情緒，但這種情形容易引發其他後續的麻煩，像是過度舔拭身體的問題行為，當發現貓咪對陌生人感到害怕時，主人的首當要務就是幫助貓咪克服心中的恐懼。

　　萬本歸宗的解決方法就是以溫柔的態度取代處罰，給予貓咪適度的鼓勵和點心，以循循善誘的方式引導貓咪多和人類互動，

同時也可以幫貓咪特別設計「認識陌生人」的課程，盡可能的營造出友善的環境，讓貓咪感到自在、更有安全感。

- 邀請家人扮演訪客的角色——這個人必須是貓咪認識的人，在訪客進門前，先將貓咪放入牠熟悉的貓籠內，然後，請訪客進到家中並坐下來和你簡短地聊個幾句，過程中避免訪客走近貓籠，重複同樣的拜訪至少六次以上，最好連續好幾天進行同樣的拜訪行程。

- 下一階段，邀請貓咪完全陌生的訪客進行一趟真實的拜訪，重複同樣的過程七次。

- 讓貓咪走出籠外並將牠擁抱在你懷中，確認貓咪心平氣和後，即邀請陌生訪客進門，進行同樣的拜訪模式數次。

- 當圓滿成功地進行完上述步驟，這位陌生訪客就可以越來越靠近你和貓咪，最後，訪客可以伸出手來輕撫貓咪的身體。

　　飼主應循序漸進完成以上課程，直到貓咪完全適應陌生人為止，這也許會花上你好幾個星期，甚至幾個月也不一定。

自我傷害的貓咪

不要再咬自己了

　　一旦貓咪出現啃咬自己身體的行為，主人見狀時一定會感到十分憂心，貓咪會不斷地舔咬身體某個部位（最常見的就是腳掌）直到毛髮脫落、皮膚損傷為止，有時甚至造成流血。

貓咪舔咬身體的原因常與皮膚過敏或疾病有關，像是出現了明顯的貓疥癬或是輪癬的症狀，飼主應該在發現皮膚異常的當下，即刻尋求獸醫的治療以及專業協助，然而，有時貓咪舔咬身體的原因非關身體病痛，而是因為心理因素所引起。

過分清理毛髮和自殘的現象，通常都伴隨產生大量地舔拭和抓癢行為，這些行徑都是與貓咪自身的壓力有關，也與貓咪身處的環境和被照顧的方式息息相關，要改善貓咪因壓力和焦慮所產生的異常行為，就要先找出壓力的來源；唯有查明觸發因子後，飼主才能幫助貓咪克服壓力並逐步建立起自信心，飼主一定要想出其他辦法來幫助貓咪釋放壓力，好比說提供一個制高點或有利位置，讓貓咪可以隨時棲身在上頭。

若判定貓咪的自殘行徑與身體疾病無關，獸醫即會介紹合格的寵物行為治療師給你；若貓咪自殘情況過於嚴重的話，獸醫有可能會開出一些鎮定劑以解決眼前的問題。

貓咪夜叫問題

一首小夜曲

你一定曾經在準備入眠的深夜裡，聽見屋簷上的野貓們齊聲鳴放著「叫春交響曲」，此時，你家那隻已經沉睡在被窩裡的好命貓咪，絕不可能想要參加這樣的瘋狂派對。

家貓在屋內所發出的叫聲十分獨特，有別於屋外的野貓叫春聲，雖然有少數的幼貓在幾個月大的時候就會懂得喵喵叫，但是通常只有成貓懂得發出這種聲音。

麻煩照過來！

為何家貓也會發出叫聲？概括來說，家貓通常都是因為感到寂寞才會發出叫喚聲，藉著叫聲獲取主人的注意力和安慰。貓咪夜叫的情況，通常與環境的改變有關，像是貓咪落單的時候或是隨著家人搬進了新家頭幾天。很不幸地，即便最初引發喵喵叫的原因已經被貓咪淡忘，一旦貓咪養成喵喵叫的習慣就很難改掉這個惡習，因為貓咪知道只要發出叫聲就可以獲得你的注意，無形

寧靜的夜晚

許多主人都會忍受年邁的貓咪發出呼喊主人的喵叫聲，但是如果是幼貓的話，則不可以縱容牠們任性而為，如果你態度夠堅定的話，可以把心一橫忽視貓咪的聲聲叫喚，否則的話飼主就必須採取反制行動，像是用水槍朝著貓咪噴射，或是製造刺耳的噪音來制止貓咪；無論使用方法，只要主人能日以繼夜貫徹執行同樣的方法，貓咪遲早有天會停止亂叫的行為並永不再犯。當然另外一個有效方法就是讓貓咪睡在你的身旁，雖然不是每個主人都能接受這個做法，但是我猜想你的貓咪一定同意我的看法的。

中你已被貓咪訓練成貓奴──一聽到貓咪的叫喚，就跳下床撫慰貓咪、說話哄牠，或者摸摸牠的身體，甚至把牠抱起。當你急奔到貓咪身旁卻發現牠安然無恙地坐在那邊，鬍鬚下還藏著一抹得逞的奸笑，你看看你又再次上當了，如果主人不在一開始就把持住、不動聲色，隔晚貓咪肯定又會故態復萌，重演一樣的戲碼。

花園破壞王

貓咪園藝學院

貓咪對於種花種草可說是滿腔熱血，很遺憾地是貓咪通常都在你苦心經營並引以為傲的花園裡，練習牠們的栽種技術。

你家的貓咪可能會藉著拔掉你的鬱金香來表現牠對栽種花草的熱忱，這個舉動跟牠的埋糞需求無關，除非栽種鬱金香的地方原本是牠的排泄區。其實，貓咪做出這種行為純粹只是為了找找樂子而已，牠一定是因為曾經目睹你將花種植在土壤裡，所以才把花拔掉，只為了再看你種植一次，多麼好玩的一個遊戲呀！

停止貓咪尋樂

有許多方法能終止貓咪繼續尋歡作樂，主人可以在鬱金香附近撒上檸檬片，或者是驅離貓咪專用的顆粒（寵物店或花市可購得）兩者都非常有效，也可以噴灑一些貓咪討厭的驅離劑。

另一個超實用的制止方法就是在花圃上方鋪設篩狀的網眼，因為貓咪痛恨在上面行走，同時花朵也可以穿越網眼生長。當你在花園中發現貓咪正準備大顯園藝身手時，立即用澆花瓶朝牠灑水，或者是打開花園灑水器，這樣主人明白的告訴貓咪你不允許這種行為，貓咪也會謹記在心。

此外，別忘了在花園四周圍栽種一些纈草和貓薄荷，來滿足貓咪內心的欲望；同時這些植物也可以轉移貓咪的注意力，使牠們不再摧殘你心愛的花朵。

膽小的貓咪

幫助貓咪克服恐曠症

　　雖然這種情況不常見，但是你有可能發現你家的貓咪可能會害怕獨自面對空曠的環境，無論是在室內或屋外，貓咪在空蕩的場所都會感到不安，你一定會心想：我們常說的那些驕傲又獨來獨往的貓咪跑到哪裡去了？

引發恐慌的原因

　　如果你發現家中的貓咪，即使在屋內也不願走出陰暗的遮蔽處，從這種跡象可以很明顯地看出貓咪可能患有恐曠症，這通常是因為貓咪在出生的頭幾週，沒有受到母親或飼主正確群體生活的教育；同時，這可能也和貓咪所處的環境有關，也許來自於屋外吠叫不停的惡犬、在路上震耳欲聾的鑽地施工聲，或是隔壁那隻未結紮過的公貓正囂張地將你家的花園占為己有，以上種種因素都有可能使得貓咪感到害怕。

克服對戶外的恐懼

　　將貓咪豢養在室內，可以讓貓咪克服恐懼，但是如果你家有個美麗的花園，為何貓咪要喪失牠在花園玩耍的權力呢？

　　最有效的方法就是為貓咪架設類似鳥舍專用的網狀圍欄，育種飼主也常利用這種完全封閉式的圍欄方便母貓看顧出生的幼貓群，另外，飼主還可在圍欄內設計貓咪藏身處，起初限制貓咪每天只在圍欄內停留少許時間，隨著日子的增加，再拉長貓咪的停留時間，同時也建議飼主在圍欄內餵貓咪吃飯、和牠們玩耍，讓貓咪把圍欄當作一個安全的避風港，最後主人可以移除圍欄，放任貓咪在花園內自由自在地行動，但是仍要時時注意貓咪的安危，避免不幸發生。

　　更理想的方法就是房子面對花園的牆面上裝設活動貓門，當安全受到威脅時，貓咪就可以隨即逃回屋內（見第 102-103 頁）。另外，飼主也可以訓練貓咪學會套上牽繩活動（第 104-105 頁），這樣一來，膽小的貓咪就可以克服心中的恐懼，開始學著欣賞戶外的風光。

貓咪戰爭

戰火蔓延時刻

　　很難想像你家迷人的小乖乖會和外面的貓咪打起了架來，這種粗暴的行徑不像是牠會做出的行為；很不幸地，即便貓咪們都來自於管教嚴格的家庭，當牠們互相看彼此不順眼的時候，還是免不了會有一場打鬥，這時主人就要適時的挺身而出保護貓咪了。

爭奪領土

　　貓咪不喜歡衝突，所以每隻貓咪都身懷高超的溝通技巧（見第62-63頁），用以表明牠們的意圖和想法，並巧妙地避開紛爭。在居住地發生的打鬥通常與爭奪領土有關，若領土之爭越演越烈，就會影響到更多的動物，無可避免的主人也會被牽連在內，後續還有可能引發許多飼主間的不愉快。

對付入侵者

　　當你發現花園中有不請自來的貓咪，或是從活動貓門入侵你家中，只是單純地嚇跑牠們是不夠的，你必須在家中某處準備好水槍噴射入侵的貓咪。當然，聰明的貓咪很快就學會選在你不在家的時候，再伺機非法闖入，這時，你可以在家裡裝設「防闖詭雷」，像是自動灑水器或是噪音製造機，這些裝置都能有效地防止貓咪入侵你家，但是請你務必注意別因此不小心傷害了牠們。

鄰居相互照應

　　當社區內的貓咪大戰演變至不可收拾的地步時，這時飼主們就應該要聯手合作來平息戰火，每位飼主都想為貓咪打造一個安全舒適的環境、提供良好的照料，讓貓咪感到心滿意足並想要隨時返回家中，相信這是每個飼主的最大心願，所以飼主間應該討論輪流讓貓咪外出，當其中一戶貓咪外出的時候，另外一隻貓咪應乖乖待在家裡，只要主人先釋出善意、主張貓咪應和平共處，這樣的安排一定可以達到良好的效果。

家庭紛爭

家貓間的爭執

貓咪非常愛好和平，只想過著安寧的生活，所以鮮少在外惹上麻煩；但是多貓家庭內的鬥爭則是層出不窮，就算是相安無事共處了好幾年的貓咪們，仍有可能出乎意料地突然變得針鋒相對，另外，如果家中出現新貓咪成員，發生衝突的機會也會大幅升高。

空間受到壓迫

身處多貓家庭的貓咪比較容易產生衝突，因為貓咪們必須在有限的空間中爭奪許多東西，包括：藏身處、高處休憩點、有限的食物和主人的注意力。另外，如果多貓家庭中出現一兩隻有社交障礙（未曾受到母親和人類調教）的貓咪，也會增加衝突發生

的可能，通常後者是引發衝突的主因。多貓家庭生活是否和諧，關鍵取決於家庭組織成員，貓咪的遺傳基因也是很大的因素，有些貓咪可以配合在有限的環境中生活，有些貓咪則無法忍受，你會發現最和諧的多貓家庭，通常都是由同胞兄弟姊妹所組成的。

離開後的重新融入

假使多貓家庭的其中一個成員，因為某些因素必須離家幾天，像是到獸醫院動手術、接受結紮，或是必須暫住寵物旅館幾天，當牠們重返家裡的時候，則有可能被其他貓咪看作是陌生人，這時就會產生貓咪難以重新融入的問題。

在先前的章節，我們曾討

論過如何向貓咪介紹家中新成員（見第30-31頁），飼主可以參考建議，協助短暫離家的貓咪重新融入原來的生活，藉由讓貓咪輪流共用同一個碗盤、床位或玩具，也可以幫助貓咪間建立情感、改善融入情況。

記得要提供全部的貓咪各自專屬的藏身處、休憩點、制高點、以及逃生路線。同時，每隻貓咪都該有自己專用的餐具，記得要公平地對待每隻貓咪，不能讓貓咪覺得你有大小眼的情形。

中止衝突的方法

若主人想要居中協調貓咪的鬥爭，要特別當心介入的方式，如果你像拳擊裁判一樣，試圖將打鬥的兩方硬生生地分開，反而容易增加緊張關係、造成負面的效果；最好的方法還是拿出點心或玩具來轉移牠們的注意力，改變牠們的追逐目標，記住千萬不要毒打牠們。

好鬥的貓咪

狀況檢視表

　　如果你已育有一貓或者多隻貓兒，卻又再添一隻貓咪進入家裡的話，可能會引來許多麻煩，假使你過分偏愛新來報到的貓咪，家中原來的貓咪可能會吃醋。同時，受到地盤被瓜分的壓力影響，貓咪也會感到特別緊張，最終導致貓咪間的打鬥。

- 這是不是公貓間的戰爭？未結紮的貓咪較好勇鬥狠，請記得帶你的公貓去結紮。
- 是否有任何因素讓貓咪感到恐懼或焦慮？你是否可以查明原因並根除問題本源？
- 衝突發生時，貓咪是否有暫時可以藏身之處？特別是高處的避難點？貓咪的逃脫動線是否隨時暢通無阻？
- 你家的貓咪是否和外面的貓咪爭奪領土？
- 如果你家是個多貓家庭，每隻貓咪是否都有自己專屬的地盤了？
- 最近家中是否來了一隻新貓咪（見第30-31頁）？
- 如果你家是個多貓家

庭，貓咪是否需要爭奪同一個飯碗？或者有爭寵的情形？

- 你是否給予家中每隻貓咪同等的愛與關懷？

- 別讓貓咪在你膝上享受過久的撫摸時間，以免貓咪試圖咬你（見第 68-69 頁）。

- 假使家裡的眾貓當中有年老的貓咪，牠可能患有關節炎或甲狀腺機能亢進或是腫瘤方面的疾病，受到病痛困擾的貓咪容易變得易怒暴躁，如果你擔心貓咪身體不適，請帶牠們到獸醫院找出病痛原因。

飼主，貓咪的守護者

不能輕忽的小事

為小貓咪打造一個家

你一定希望小貓咪一腳踏進家中就留下美好的印象，雖然不用講究華麗，但飼主至少該為牠打造一個怡然舒適的居住空間，請貼心仔細地為小貓咪著想，為牠購足生活必需品。

貓咪提籠

主人第一個要採購的品項就是提籠或其他載運容器，這樣你才能安全地攜帶小貓咪回家，傳統的提籠通常是開門在側的鐵網

籠，這種提籠通風良好但難以清洗，還有一個缺點就是逃脫意志堅定的小貓咪常常會推開側門而跑走。

最好還是選擇質地堅硬的材質如：乙烯塑膠、玻璃纖維，或PE材質所製的提籠，這類的貓籠可以有效防止小貓咪脫逃，而且很容易清洗。紙板厚實的紙箱在緊急或突發情況時，也可以當作貓籠使用，方便主人將小貓咪帶到動物醫院或寵物旅館，同時，紙箱也非常容易取得，在流浪動物收容所裡或寵物店裡面一定可以找到，而且用完即可丟棄。

無論你幫小貓咪準備哪種樣式的貓咪提籠，一定要注意以下幾點要項：貓籠空間是否足夠容納小貓咪？通風是否良好？是否方便攜帶並且容易清洗消毒？另

外，如果貓籠只用於短程運輸，就不須在貓籠內放置水、食物和貓砂盆。貓砂盆是家中的必備品，即便貓咪通常都到戶外解決大小便，貓咪總會有些時刻需要用到貓砂盆，例如：身體不適或者天氣不好的時候，多貓家庭裡一定要準備兩個以上的貓砂盆，有些愛乾淨的貓咪無法忍受和其他貓咪共用東西，也不喜歡排隊等候。所以最好是讓每隻貓咪都有自己的貓砂盆，還有別忘了要買個小鏟子以方便你每天清理貓咪的糞便。

床舖

床舖是小貓咪生活中不可或缺的一項用品，市面上可找到許多種類的貓咪專用床舖，包括可以吊掛在暖爐上方的吊床，記得為你家小貓咪選購一個大小適中的床舖，讓牠可以捲曲睡臥其中；別忘了在床舖上放置一些質地柔軟的被毯和抱枕，最好是放上一片羊毛毯。此外，主人還可以裝設保暖裝置，這對剛離開母親溫暖懷抱的小貓咪來說，有十足的撫慰效果，而被毛短薄的貓咪（如雷克斯貓）通常都會格外珍惜主人所提供的保暖電毯。

餵食器皿

貓咪專用的飼料盆和飲水器的材質應該要堅固，才不會輕易地就被貓咪翻倒；在多貓家庭裡，最好讓每隻貓咪都有自己的飼料盤。

小貓咪的裝備

愛貓基本配備

除了提供小貓咪吃喝拉撒所需的用品之外，寵愛小貓咪的主人，還可以再為牠們多添點裝備。無論在線上的寵物店或實體寵物店舖，主人都可以找到各式各樣的新奇玩意，讓你痛快地花掉大把大把的鈔票。

活動貓門

如果你想要訓練小貓咪到屋外上廁所，活動貓門就成為家中的必備品，因為你可不想變成門房，隨時幫牠開門吧！你可以選擇在門上或牆壁鑿個洞裝設活動貓門，這樣一來就可以免去幫小

貓咪開門的煩惱，多半的活動貓門都可以調整開啟方向，允許單向或雙向進出；此外，主人還可以在活動貓門上加裝感應式開關，唯有你家貓咪項圈內的感應磁片能啟動活動貓門開關，這種防闖入的裝置可以避免外界貓咪的闖入，尤其是其他狂妄大膽的公貓。

項圈

如果家中小貓咪的體內已植入晶片，你可能就不會考慮幫牠套上項圈（見185頁）。但是若小貓咪在家附近走失了，牠項圈上的名牌便可以幫助鄰居辨識小貓咪的身分，通常鄰居家中都不會有晶片讀碼機，所以項圈就發揮了作用，小貓咪的項圈要有伸縮鬆緊的設計才行，當項圈不小

心鉤上樹枝時，牠才有辦法掙脫。

貓抓柱

預防勝於治療，只要在家中準備幾個貓抓柱、貓抓三角錐或貓抓板，如此一來，主人就可以確保家具免於遭受小貓咪魔爪的破壞。

室內娛樂設施

室內貓容易因為無聊而變得懶散或愛調皮搗蛋，在室內放置貓抓柱，可以讓牠打發一些時間，如果可以再加設一些貓咪跳台，或是專為貓咪設計的遊戲台，就更能為牠的生活添加色彩，這些用品都能夠在線上寵物商城或是大型寵物店裡買到。

玩具對於小貓咪而言，也是不可或缺的東西；市面上有各式各樣的玩具可以讓主人挑選，其實家中有許多用品都可做為小貓咪的玩具，無論是你帶回的玩具或家中的用品——像是紙箱或是舊乒乓球，牠都能從中得到無窮的樂趣。另外，貓咪容易被綁有長條繩狀物的東西所吸引，主人要特別注意別小讓貓咪被這些東西纏繞住身體；記得要把東西收好，不要任其放置在地上，以免牠在沒有人看顧的情況下拿來玩耍。

生病的前兆

小貓咪有沒有不適？

　　一週幫小貓咪做個兩次身體檢查是個很好的習慣（見第 56-57 頁），透過檢查身體，主人可以及早察覺小貓咪眼睛、耳朵、鼻子和皮膚的小毛病並防患於未然，然而，小貓咪也跟小嬰兒一樣，偶而會生個小病。

值得特別留心的徵兆

　　從以下的跡象，就可以看出小貓咪有無異狀。

- 小貓咪突然變得特別無精打采，或者不斷發出叫聲，這可能意謂著牠身體某處正隱隱作痛著，然而有時貓咪承受痛苦的時候，卻會變得異常安靜，主人也要特別注意。

- 出現咳嗽、氣喘吁吁、呼吸微弱的症狀，不時發出氣喘聲或打噴嚏。

代表痛苦的咕嚕聲

　　大家都知道當貓咪感覺舒服的時候就會發出咕嚕聲，其實當貓咪受到驚嚇或受傷時，也會發出咕嚕咕嚕的聲音來穩定不安的情緒，據說發出咕嚕聲也可以幫助貓咪盡早恢復健康。

- 大量地吃東西和喝水、突然變得沒有胃口、便秘或腹瀉，出現因腸道、腎臟或膀胱問題所引起的大小便失禁。

- 步伐蹣跚走路一跛一跛的，有時頭會偏向一方並開始繞圈而行。

- 皮膚出現過敏症狀，開始不停地啃咬、舔拭、抓癢身體的特定部位。

- 單眼或雙眼變得灰矇或者開始充血。

　　當你有發現以上任何一項徵兆，請立即帶小貓咪去看獸醫，切勿延誤就診時機，幼貓病情惡化的速度通常比成貓來得更快。

幫小貓咪測量脈搏

　　貓咪的鼠蹊部是最容易感應到脈搏的部位，飼主可將兩隻手

指輕放在小貓咪大腿的內側來測
量牠的脈搏，正常的脈動應會
每分鐘跳動一百一十到一百四
十次。

貓咪常患的疾病

掌握治療貓咪的先機

　　許多疾病和毛病會突然找上貓咪，如果主人已經很了解家中的貓咪，一旦發現牠出現胃不舒服的情況，主人便能夠輕易判斷出這是貓咪吃太多而消化不良，或是另有隱疾。如果主人無法辨認出原因，請馬上和獸醫連絡。

　　為避免意外發生，見到貓咪嘔吐時，建議主人檢查貓咪是否有其他異狀，看看貓咪反應是否遲緩？若貓咪進食完半個小時內，瞳孔持續呈現放大狀態，牠就可能生病了，在消化疾病當中，貓傳染性腸炎（又稱貓泛白血球減少症）屬較為嚴重的疾病，通常透過病毒而感染，所幸貓咪只要定期接種預防疫苗，就能有效的對抗這類病毒（見第170頁）。一般常見的嘔吐只是正常的反應，也許是因為貓咪吃太多，或是吃進了無法消化的鳥羽毛才嘔吐。造成嘔吐的原因還包括：過度興奮、腸胃無法吸收乳製品，或是因為吞進太多毛髮而嘔吐出毛球（最常見長毛貓身上）。

腹瀉

　　如果貓咪拉了肚子、糞便中帶血，同時伴隨著嘔吐的情況，或是精神不濟又反應緩慢，就代表貓咪可能得了腸炎或中毒了；其他較不嚴重的腹瀉，可能只是因為乳糖不耐症所引起（有些貓咪無法消化牛乳），或者只是罹患輕微的寄生蟲病和感染病。

暴食和劇飲

　　造成貓咪暴食的原因，可能與寄生蟲疾病、腺體分泌或胰臟功能失調有關，如果貓咪過量進食的情況已超過兩個禮拜，請向獸醫尋求幫助；若貓咪飲水量也同時大增，可能就代表貓咪患有糖尿病，需要立即就診。

大量地飲水是罹患糖尿病徵兆之一，同時，這也可能與腎臟方面的疾病有關，糖尿病好發在年紀大的老貓或是過重的貓兒身上，而幼貓也有可能罹患糖尿病，但較少見。

異常的呼吸情況

倘若你家的小貓咪還未滿一歲並且出現呼吸急促困難的症狀，同時伴隨著腹瀉、瞳孔放大、流鼻涕、眼屎變多的問題，或者出現呼吸緩慢，有喘不過氣來的情況。上述徵兆都可能代表小貓咪中了毒，或是感染了流行性感冒和貓白血病，最後兩種疾病都是透過病毒感染，所有的貓咪都應該要注射對抗這種病毒的抗體，請盡早向你的獸醫詢問這方面的資訊以防患於未然。

其他身體警訊

透視貓咪的病徵

受到主人全心的餵養和照料的貓咪，成天無憂無慮，通常很少會惹病上身。除了前頁所述的疾病以外，透過日常的保健檢查也可以幫助飼主早日發現其他疾病的症狀。

貓白血病

貓白血病病毒會破壞貓咪的免疫系統，削弱貓咪對其他疾病的抵禦能力，正常來說，貓咪超過八個月大後，就能抵抗貓白血病的病毒侵略，所以有些人認為在貓咪未滿八個月之前，應該不要讓牠們離開室內，這個看法也引來不少爭議。

貓傳染性腹膜炎

貓傳染性腹膜炎是一種極嚴重的傳染病，在許多貓咪群聚的地方如寵物醫院，最容易爆發傳染，大多數的貓咪超過三歲後就會自然產生免疫力不再受感染。

口腔疾病

貓咪的口腔常出現毛病，主

人可以藉由每週的定期身體檢查，來查看貓咪是否有口腔方面的病變，除非吃了魚肉，不然貓咪的口氣通常都不會有異味；貓咪的口臭通常都會伴隨流口水，可能是因為口腔有異物感染、蛀牙或舌頭潰爛所造成的。

眼睛疾病

貓咪的眼睛會產生許多病變，但是鮮少疾病會引發失明，常見的眼科問題包括：眼球腫脹、第三眼瞼上（生長在眼皮和眼球交界處的一層白膜）長出異物、眼睛腫痛、分泌眼淚和眼屎等。眼睛不斷流淚可能是因為有異物入侵眼球內，無論你發現什麼眼睛異狀，應立即向獸醫尋求專業協助。

耳朵疾病

如果你沒有定期幫貓咪清潔耳朵，就容易引起惱人的異物入侵，你家的貓咪是否經常甩頭？耳朵裡是否分泌出黏稠的耳垢？當耳蟲入侵或受到細菌和真菌感染，都有可能會引發耳炎，有時還會發現三者並存的情況，通常獸醫會開立處方藥水或藥膏來醫

治耳炎。

若發現貓咪走路時頭會偏向一側、步伐變得不穩，甚至原地轉圈圈的種種跡象，就可能代表貓咪中耳（耳膜後方的部位）有發炎的情況，只要帶貓咪去看獸醫，通常只要服用抗生素，中耳炎就能很快地被醫治痊癒。

貓咪護理

照顧生病的貓咪

如果家中的貓咪生病了，身為主人的你一定要懂得如何照顧牠，除了安撫貓咪的情緒，還要避免增加額外的疼痛，同時，配合獸醫開出的處方，定時餵貓咪服藥。

安置病貓

為了幫貓咪做檢查和餵藥，主人一定要學會如何安置固定貓咪的身體，以下四種方式，可以幫助你固定貓咪身體使牠不亂動：

- 如果貓咪身體不感到疼痛，最溫和妥善的處置辦法就是將貓咪環抱在你懷中。
- 主人可以將手輕壓貓咪的頸背部，讓貓咪穩臥在桌子或平台上。這樣一來貓咪的四肢就不會亂動，也不會伸出爪子來抓人。
- 找個平坦的表面讓貓咪側躺在上面，主人用一隻手穩握住貓咪前半身的兩隻腳，另外一隻手則穩定貓咪的兩隻後腳。
- 找塊大毛巾、毛毯或麻布袋把貓咪包裹起來，然後讓貓咪穩臥在你的懷裡，再用一隻手穿越布料支撐貓咪的頸部以穩固貓咪。

良藥不苦口

目前有許多藥劑已設計改良成不苦口配方，可以混入貓咪的飼料內，甚至可以讓貓咪直接吞服，獸醫會在開出處方後指導你正確的餵藥方式。

如何餵貓咪吃藥

請依照下述步驟餵貓咪吃藥：

1 將貓咪放在平台上，用一隻手將貓咪的頭部固定住，好似握球一樣的方式。

2 輕輕地將貓咪的頭往後仰，食指和姆指靠貓咪的兩頰旁，然後用指頭將貓咪的嘴巴打開，如果是餵食藥丸的話，將藥丸放在舌根正後方；然後，可以用食指或湯匙柄，將藥丸輕推入貓咪的食道內。

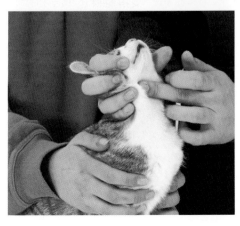

3 如果是藥水的話，請將貓咪的嘴巴打開，然後慢慢地逐量滴入貓咪口中；記得要一滴滴地慢慢注入，這樣貓咪才有辦法吞服；當藥水滴入後，將貓咪的嘴巴閉起，然後用手指輕揉貓咪的脖子，這個動作可以幫助貓咪吞嚥。

捍衛貓咪健康

預防接種

為了預防貓咪受到可怕的病毒感染，每隻貓咪都應該盡早接受預防接種，飼主務必保護貓咪的健康，在貓咪尚未免疫之前，別讓牠們接觸鄰居的貓咪，或者接近任何可能的傳染途徑，以免感染了病毒。建議飼主先將貓咪關在屋內至少兩週，直到牠們接種完疫苗再解除禁令。

病毒

目前主要對抗流感病毒的疫苗有兩種，一種是用來對抗引起貓傳染性腸炎，另一種則是用來對付貓白血病病毒，如果你居住在世界某些特定區域，可能還

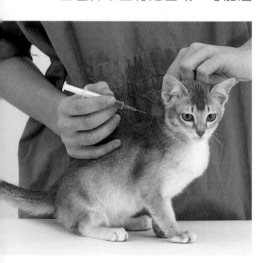

要為貓咪注射預防狂犬病的疫苗；此外，預防貓傳染性腸炎的疫苗，在許多國家中也相當普及，然而，現今仍無任何疫苗可以預防非病毒感染的貓傳染性貧血症。

接種疫苗後，貓咪可能會出現短暫的不適症狀，但都不會造成大礙，雖然仍有少數貓咪在接種完貓白血病疫苗後會有噁心的感覺，但是基本而言，接種疫苗是十分安全的，出現副作用的情況更是微乎其微，接種疫苗的用意在預防疾病，當然無法治癒疾病，如果病毒已經散佈貓咪的體內，這時想要接種疫苗已經為時已晚，在貓咪尚未注射預防疫苗前請將貓咪留置在屋內別出門。

疫苗接種時間

　　首先請先跟獸醫師詢問接種疫苗的適當時間，首次施打的貓咪需要施打兩種疫苗，接種第一劑疫苗的兩到三週後，再接受第二劑的疫苗注射。大多數的貓咪都是在八到九週大的時候進行第一次的施打，其後每隔一年都要再度接受一次注射以維持效力。

　　除了狂犬病疫苗要特別區隔施打以外，其他上述的疫苗都可以一併注射，現今用來對抗貓流感，貓傳染性腸炎以及貓白血病的三合一疫苗是最普及的一種疫苗。

預防注射證明書

　　當貓咪接種完疫苗後，飼主就會拿到一張預防注射證明書，來年要再為貓咪施打接續性的疫苗時，還要出示證明書給獸醫看，所以你必須妥善保管好這張證明書，更重要的是，如果有天你要帶貓咪寄住寵物旅館，旅館必須看到最新的預防注射證明書才會讓你登記入住。

體內寄生蟲

遠離害蟲

寄生蟲有分為體內寄生蟲和體外寄生蟲，寄宿在貓咪體內的常見寄生蟲的種類繁如星斗。

麻煩蟲

在所有寄生蟲當中，影響貓咪最深的就是那些入侵在腸道和內臟器官的寄生蟲，而唯有幼蟲會寄宿在貓咪的內臟裡，常見的寄生蟲包括：蛔蟲、條蟲、鞭蟲、線蟲、鉤蟲、吸蟲。鉤蟲和鞭蟲藉由吸貓咪的血維生，而條蟲則是靠著竊取貓咪的養分維生，並不會吸血；蛔蟲的幼蟲在貓咪還是胎兒時就藉著寄生在母體子宮內入侵胎兒體內，有時，蛔蟲的幼蟲還會經由母乳進入到幼貓體內，一旦入侵幼貓體內後，蛔蟲就會穿越幼貓的肝臟、心臟和肺臟進入到腸道，對幼貓的身體造成極劇的痛苦及傷害，這也說明了為何蛔蟲對幼貓造成的影響總比成貓嚴重；幼貓可能會出現的症狀包括：貧血、腹部凸脹、腹瀉或者便秘；條蟲會穿越腸道，然後從貓咪的肛門排出，條蟲所引起的症狀較不易察覺，不外乎胃脹氣或胃發炎，通常會在貓咪屁屁周圍發現幾隻沾黏在毛髮上的蟲體，狀似熟透的稻米粒，如果你懷疑貓咪體內有寄生蟲，請盡快帶牠們就醫。

原蟲寄生

另一種寄宿在貓咪體內的寄生蟲就是原蟲，牠們寄宿在貓咪的紅血球內，類似引發人類瘧疾的瘧原蟲，雖然當原蟲數量不多時不會對貓咪造成太大的影響，但是當原蟲大量入侵血液時會嚴重地破壞紅血球細胞，引發貓傳染性貧血症，如果原蟲散佈的情況不嚴重，貓咪通常都還有辦法被醫治好，但若併發貓白血病的話，貓咪通常都已回天乏術。

寄生蟲預防措施

　　飼主只要依循以下防範措施照顧貓咪，就可以確保貓咪免於寄生蟲所擾。

- 在家中隨時備好抗寄生蟲藥劑，獸醫院或寵物店皆有販售。
- 避免貓咪吃到生肉，尤其是野外動物，生肉內可能藏有寄生蟲。
- 用防蚤梳定期幫貓咪梳理毛髮，跳蚤身上可能帶有寄生蟲的幼蟲。
- 定期更換清洗貓咪的床具，防止寄宿貓咪皮膚的寄生蟲藏匿在其中。
- 將糞便焚燒、深埋或丟在垃圾桶裡，讓居住環境更衛生。

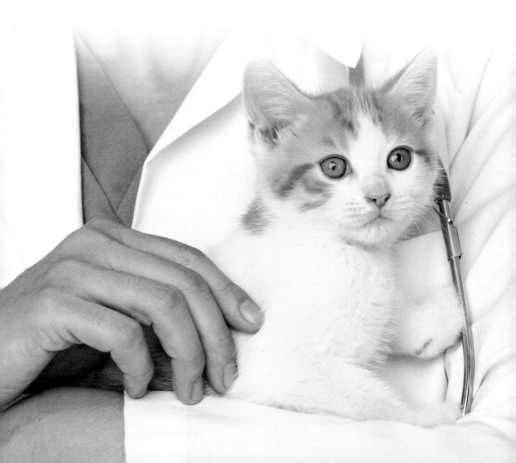

體外寄生蟲

擺脫跳蚤

如同體內寄生蟲一樣，體外寄生蟲種類也十分繁多，同樣地，給貓咪帶來許多生活上的煩惱。

害蟲

最常寄生在貓咪皮膚上的害蟲就是跳蚤，跳蚤的宿主除了貓咪以外，還會寄生在狗狗和人類身上，這個專門吸血的討厭鬼，在貓咪身上的咬痕會讓貓咪想不斷地抓癢、舔拭、抖動身體。就算仔細檢查貓咪的被毛，也很難捉到這個行蹤不定的壞蟲；但是貓咪毛髮內一粒粒像是煤屑的糞便卻暴露了牠們的存在。

寄生在貓咪身上的蝨子分為兩種：一種會吸血，另外一種則會叮咬貓咪的身體，牠們喜歡附著在貓咪的全身，尤其喜歡寄居在貓咪的頭部。如果你居住在鄉間，你的貓咪就有可能在外巡視的時候，從羊群身上傳染了壁蝨，壁蝨會吸食貓咪的血液，當牠們飽食貓咪的鮮血後，軀體會腫脹起來，看起來像是黑葡萄乾。

容易在秋天發作的皮膚炎，有時可能是恙蟲所引起；蟎蟲則會引起皮屑的剝落，許多各式各樣的蟎蟲喜歡寄生在貓咪的皮膚上，引起貓疥癬或慢性皮膚炎。

有效除害

當你在幫貓咪做身體檢查的時候（第 56-57 頁），請特別仔細地檢視貓咪身上有沒有禿塊或是發炎的情形，若發現貓咪被毛有任何不對勁的地方，請向獸醫尋求幫助，如果你可以判定病因，可以直接幫貓咪灑上消滅寄生蟲的殺蟲粉或者是帶有階段型藥性殺蟲滴劑。

跳蚤的幼卵無法像蝨子幼卵一樣附著在貓咪的毛髮上，所以跳蚤的幼卵有可能會掉落在家中四處，孵化在地毯、家具、或是在貓咪的床舖上面，飼主可以在貓咪的生活周遭噴灑除蚤噴霧劑

來阻斷跳蚤卵孵化，千萬要注意不要直接將壁蝨從貓咪皮膚上移除，因為壁蝨口器會直接咬附在貓咪身上，拔除壁蝨後所留下的傷口有可能感染生膿。

輪癬

　　輪癬是一種真菌寄生的病害，會對貓咪的皮膚造成各種不同的損傷，如果你發現貓咪皮膚有輪癬的徵兆，請帶貓咪給獸醫診斷病情；透過服用抗真菌的藥劑或塗抹抗菌乳液，貓咪的皮膚就會獲得很大的改善。

渡假？為何主人要渡假？

到寵物旅館寄宿

如果你因外出渡假，必須將貓咪交託給寵物旅館，請務必幫貓咪慎選一個良好的寵物旅館，讓貓咪可以受到妥善照料，又不用擔心貓咪會被傳染疾病或遭逢不測。

找尋寵物旅館

找尋寵物旅館的第一步，就是請有養貓的朋友或育種飼主向推薦你適合的旅館，你的獸醫也有可能認識值得信賴又離你家不遠的寵物旅館，下一步就是拜訪並巡視寵物旅館的環境。

- 每隻寄宿的寵物是否都有專屬的住處，不會直接接觸到其他動物？
- 貓咪睡覺的地方是否乾爽宜居，同時若貓咪離開房間，外部空間是否有做好防逃設備，是否有其他設施可供貓咪在其中攀爬玩耍？

- 寵物旅館的住籠是否設計良好？住籠的三個牆面應為密閉設計，只有面對外牆的那一方是開放式的網籠，這樣的設計可以避免左右房間的空氣相互流通，同時確保貓咪吸入的空氣是新鮮的，降低病毒散佈的可能。

- 寵物旅館如何規定餵食時間？是否可以讓你為貓咪準備最愛的飼料，或者是否有提供多樣的飼料可選擇？

- 旅館主人如何處置生病的寵物？是否例行視察動物身體？多久檢查一次？如果貓咪生病了，獸醫判定要隔離和住院，寵物旅館可否提供病房？如果飼主決定要寄住，請記得留下你的聯絡方式以及貓咪獸醫師的電話。

- 旅館是否有規定所有寄住的貓咪都要接種過貓腸炎和貓流感的疫苗？如果沒有嚴加要求的話，這裡可能就不適合你的貓咪寄宿。一家有信譽的寵物旅館一定會嚴格把關，要求寄宿寵物的飼主出示相關注射證明書；畢竟事關重大，口說無憑是不容允許的。

讓貓咪獨自待在家裡

許多飼主傾向於將貓咪放在家裡，然後再請親友或鄰居暫代保母，偶爾去探視貓咪，幫牠們添飼料和水，必要時清理一下貓砂盆；如果平常白天你外出工作時，貓咪已經習慣一個人在家，就可以考慮讓貓咪待在家裡，但是如果你居住在吵雜的馬路旁，又找不到值得信賴的人來協助你，飼主仍須幫貓咪找個寵物旅館才行。

- 如果你們家寄宿的貓咪不止一隻，假設牠們的感情還算和睦的話，貓咪們是否可以安排住在一塊？雖然這絕非必要，但是能讓牠們住一起是比較理想的。

- 總體而言，旅館的環境是否乾淨舒適？員工是否訓練有素並有愛心？

貓咪急救手冊

天有不測風雲

　　相較於狗狗而言，貓咪發生意外的機率明顯較低，這可能與牠們身體構造設計的差異有關，貓咪的身體較輕盈柔軟、反應也較敏捷，所以貓咪比較不容易陷入困境當中；然而，貓咪的好運也有用盡的那一天，飼主在將貓咪送醫前，可以先採取以下針對常見意外所建議的處理步驟，先為貓咪做簡單的急救處理。

道路意外

　　利用床單鋪在貓咪身體底部做為吊床，將貓咪移到安靜溫暖的地方，讓牠躺臥片刻，拿出毛毯蓋覆在貓咪的身上，並在貓咪身旁放置一個熱水袋（水溫不宜過熱）；確認貓咪口中沒有出血或其他異物，並將貓咪的舌頭拉出，如果貓咪身上帶有項圈，也請將項圈移除，若身體有出血情形，拿消毒棉花或紗布按壓傷口抑制出血，打電話向獸醫求助。

溺水

　　抓住貓咪的雙腿，然後開始旋轉貓咪──維持在雙手平放的高度；這個動作看似殘忍，但是唯有藉由離心力的作用，才能將堆積在貓咪肺部的積水甩出，然後打電話向獸醫求助。

燙傷及曬傷

　　最常見的燙傷通常都是熱水（液體）引起，飼主可以先用冰塊或冷水鎮定燙傷處，然後再塗抹油性軟膏，如：凡士林。在夏天，白毛貓咪的耳朵容易受到曬傷，飼主可以向獸醫索取一些防發炎的軟膏塗抹在耳朵曬傷

處，避免曬傷情形再次發生，豔陽天應避免讓貓咪外出，或者，可以在讓貓咪外出前，先在貓咪的耳背上塗抹一些人類使用的防曬乳。

中毒

如果主人懷疑貓咪的嘔吐、抽搐和昏睡與中毒有關，請先打通電話給獸醫，獸醫可以透過病徵研判出中毒的原因，提供適當的處理方式；同時，先幫貓咪洗個澡，避免貓咪身上的有毒物質，透過皮膚吸收進入到貓咪體內，或者不小心讓貓咪舔到了。在貓咪身上倒上少許的嬰兒洗髮精，以水潤溼被毛且搓揉身體，清洗完畢後將貓咪的身體吹乾，如果主人可以找到引起貓咪中毒的可疑物，也請將它攜帶到獸醫院給獸醫參考。

快速指南

小貓咪抵達前的準備

第一步

如果你還沒有選定想要飼養的小貓咪，你的養貓計畫的第一步驟，就是先決定要養什麼樣的小貓咪？同時，你也要為小貓咪未來舒適安逸的生活做好萬全的準備，別忘了檢查一下小貓咪所需的東西是否都已經備齊了呢？

純種貓好，還是混血貓好？

除非你想要帶小貓咪參加貓展，或者是計畫要飼養下一代貓咪，不然的話，比起昂貴的純種貓，混血貓更適合作為寵物，你會發現混血貓也一樣的可愛有趣，而且魅力毫不遜於純種貓。

在流浪動物收容所和貓咪中途之家裡面，也可以讓你找到一見就愛不釋手的小貓咪；假使你時常拜訪愛心收容機構，你會發現裡面住有不少年紀稍長的貓咪正在等待可以收容牠們的主人，這些貓咪可能吃過不少苦頭，個性強硬也較不容易適應新環境，比起年幼的幼貓，這些貓咪不需要你時時刻刻的照料；同時，牠們也許已經受過良好的居家訓練，只要你願意給牠們一次機會，付出關懷和愛心，相信即便是吃過人類的虧、個性暴躁的貓咪，也有可能被感化成一隻乖巧聽話的貓咪。

該養公貓或母貓？

不管是公貓或是母貓都是很好的寵物良伴，除非主人打算要育養下一代貓咪，不然的話，無論是公貓和母貓都需要接受結紮手術（見第 80-81 頁）。

該養一隻還是兩隻貓？

如果家裡的空間夠大，足以放置所需的器具和設備，而且白天時，家人都不在家的話，養兩隻貓咪是比較恰當的，獨處的貓咪容易因為太無聊而引發問題行

為（見第 124-125 頁）。

家中環境是否適合養貓？

為了迎接小貓咪，家中擺設需要做什麼改變呢？

- 花園是否過於開放？容易讓小貓咪逃跑？
- 花園中是否有池塘？是否考慮加設網蓋？
- 未來是否需要加裝一個活動貓門？
- 家中小孩或其他寵物是否會欺負小貓咪？（見第 30-31 頁）？你是否已經購足所有養貓必需用品像是：提籠、貓砂盆、貓砂和貓咪床鋪、適合的飼料和玩具（見第 160-161 頁）？

何時去迎接貓咪

當一切都已準備就緒，你就可以將小貓咪接回家中了（見第 28-29 頁），在回家之前，請先注意以下幾點：

- 是否有預防注射證明書可以讓你領取？
- 小貓咪習慣吃的飼料有哪些？有沒有樣品可以讓你帶一些回家？
- 在帶小貓咪回家的路上，有沒有機會先帶小貓咪去獸醫院給獸醫檢查一下身體？
- 是否有人陪同你一起去接小貓咪？是小孩或大人（見第 28 頁）？

當小貓咪安然到家後

保持鎮定

初次向家人介紹小貓咪，氣氛難免都會有點緊張，飼主可以採用下列的建議，讓雙方的第一次會面進行得更輕鬆愉快。

新貓照護手冊

- 帶小貓咪參觀認識新環境（第30-31頁及第36-37頁）。
- 抵達家中的頭幾天，先不要讓小貓咪離開家門。
- 準備好適當的貓咪飼料，建議你先向育種飼主請教小貓咪斷奶後都吃些什麼樣的食物。
- 把小貓咪介紹給家人和其他寵物認識（見第30-33頁）。
- 開始如廁訓練，越早開始越好（見第94-95頁）。
- 當小貓咪開始安頓下來了，就讓牠到花園展開第一次的戶外冒險（見第96-97頁）。
- 開始喚名訓練（第98-99頁）。
- 幫小貓咪植入晶片（詳見右頁所示）。

晶片植入

　　為了方便日後辨識小貓咪的身分，最好在牠的體內植入晶片，植入晶片的益處非常多，晶片可以幫助你早日找回走失的小貓咪，同時，若哪天小貓咪需要寄宿寵物旅館或出國，牠身上的晶片就派上了用場；有些國家會發放動物護照並嚴格要求出國通關的寵物都植入晶片，以利辨示身分。

　　晶片是個極為微小的電子晶體，大小約如一粒米，上面寫有貓咪專屬的身分登記號碼，當晶片被植在貓咪的皮膚底下後，一般人只要將晶片掃瞄器拿近貓咪的身體，就可以讀出貓咪的身分；獸醫院、動物收容所、警察局和邊境站哨崗都備有晶片掃描機。當你幫小貓咪植完晶片後，就會拿到一筆登記號碼，主人要妥善記錄保管，這個號碼也會登記在專門協尋失蹤寵物的寵物身分管理機構裡面，你可以向獸醫請教如何與他們聯絡。

展望未來

長期飼養計畫

當小貓咪逐漸習慣家庭生活並開始顯露牠的個性，主人就可以開始和小貓咪培養感情，為你們倆未來長久的親密關係打下根基；同時，為了讓小貓咪有個幸福的未來，主人也要開始實行基本的訓練，小貓咪剛到家中的頭幾個禮拜是非常重要的關鍵時期。

飼養重點：

- 查明小貓咪是否已接種過預防病毒感染的幾個必打疫苗，首次疫苗應在貓咪八九週大時施打，間隔三到四週後再施打第二劑疫苗，隨後，每隔一年再施打一次。
- 小貓咪是否已經結紮過了？母貓應在滿三個月大後再進行結紮，而公貓則須齡滿六個月才行（見第 80-81 頁）。
- 定期幫小貓咪梳理毛髮（見第 46-47 頁）。
- 每週例行為小貓咪做身體檢查，以掌握治療疾病的先機（見第 56-57 頁）。
- 幫助小貓咪習慣搭乘交通工具（見第 42-43 頁）。

訓練課程

如果時間允許的話，每天安排兩到三次的短暫訓練課程，一次只教導小貓咪一個動作，當牠確實學會了指導動作，再學習新的動作，待小貓咪都學會了所有招數，仍要時常與小貓咪保持練習以複習動作。

- 別動（見第 106-107 頁）
- 坐下（見第 106-107 頁）
- 過來（見第 108-109 頁）
- 央求（見第 110-111 頁）

如果小貓咪躺在你的懷中企圖伸出爪子要抓你，就要阻止牠這樣的行為並且教導牠如何控制趾爪，學會不再粗暴（見第 68-69 頁）。

懷孕的貓咪

　　無論飼主是按照計畫讓貓咪受孕，或是意外懷孕，貓咪一旦懷孕後，在受孕後的六十五天左右就會分娩，早於五十八天出生的小貓咪通常非常虛弱，容易早夭，而超過七十一天才出生的小貓咪，體型比較大但也容易死亡；如果飼主發現家中的貓咪有懷孕的跡象，宜盡早帶牠去獸醫院檢查。

　　飼主最好幫懷孕的母貓特製一個適合分娩的產房，利用紙箱或木箱做為安置貓咪的地方，然後在當中放入床單或報紙（較為理想）；同時，別忘了幫貓咪選一個地方待產，盡量選擇不受打擾、鮮少有人經過的所在，在貓咪臨盆前，將牠移置到此處，當然，如果貓咪自己已經選定分娩的地點，最好將紙箱或木箱移到該處。

幼貓小學堂
Kitty 的飼養與訓練

作　　者	大衛・泰勒（David Taylor）	
譯　　者	劉珈汶	

發 行 人	林敬彬
主　　編	楊安瑜
編　　輯	李彥蓉

內頁編排	帛格有限公司
封面設計	帛格有限公司

出　　版	大都會文化事業有限公司　行政院新聞局北市業字第 89 號
發　　行	大都會文化事業有限公司
	11051 台北市信義區基隆路一段 432 號 4 樓之 9
	讀者服務專線：（02）27235216
	讀者服務傳真：（02）27235220
	電子郵件信箱：metro@ms21.hinet.net
	網　　　址：www.metrobook.com.tw

郵政劃撥	14050529　大都會文化事業有限公司
出版日期	2010 年 8 月初版一刷
定　　價	250 元
I S B N	978-986-6846-96-0
書　　號	Pets-019

Metropolitan Culture Enterprise Co., Ltd.
4F-9, Double Hero Bldg., 432, Keelung Rd., Sec. 1,
Taipei 11051, Taiwan
Tel:+886-2-2723-5216　Fax:+886-2-2723-5220
Web-site:www.metrobook.com.tw
E-mail:metro@ms21.hinet.net

First published in 2009 under the title Kitten taming
by Hamlyn, part of Octopus Publishing Group Ltd.
2-4 Heron Quays, Docklands, London E14 4JP
© 2009 Octopus Publishing Group Ltd.
All rights reserved.

Chinese translation copyright © 2010 by Metropolitan Culture Enterprise Co., Ltd.
Published by arrangement with Octopus Publishing Group Ltd.

大都會文化
METROPOLITAN CULTURE

國家圖書館出版品預行編目資料

幼貓小學堂：Kitty 的飼養與訓練 / 大衛・泰勒（David
Taylor）著；劉珈汶 譯 .
　　-- 初版 .-- 臺北市：大都會文化 , 2010.08
　　面；　公分 .-- (Pets; 19)

ISBN 978-986-6846-96-0（平裝）
1. 貓　2. 寵物飼養

437.364　　　　　　　　　　　　　99012673

幼貓小學堂
Kitty的飼養與訓練

北 區 郵 政 管 理 局
登記證北台字第9125號
免 貼 郵 票

大都會文化事業有限公司

讀 者 服 務 部 收

11051台北市基隆路一段432號4樓之9

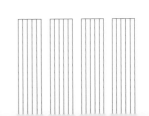

書名：幼貓小學堂——Kitty的飼養與訓練

謝謝您選擇了這本書！期待您的支持與建議，讓我們能有更多聯繫與互動的機會。

A. 您在何時購得本書：＿＿＿＿年＿＿＿＿月＿＿＿＿日

B. 您在何處購得本書：＿＿＿＿＿＿＿＿書店，位於＿＿＿＿＿＿＿(市、縣)

C. 您從哪裡得知本書的消息：
　　1.□書店　　2.□報章雜誌　　3.□電台活動　　4.□網路資訊
　　5.□書籤宣傳品等　6.□親友介紹　7.□書評　8.□其他

D. 您購買本書的動機：（可複選）
　　1.□對主題或內容感興趣　2.□工作需要　3.□生活需要
　　4.□自我進修　5.□內容為流行熱門話題　6.□其他

E. 您最喜歡本書的：（可複選）
　　1.□內容題材　2.□字體大小　3.□翻譯文筆　4.□封面　5.□編排方式　6.□其他

F. 您認為本書的封面：1.□非常出色　2.□普通　3.□毫不起眼　4.□其他

G. 您認為本書的編排：1.□非常出色　2.□普通　3.□毫不起眼　4.□其他

H. 您通常以哪些方式購書:(可複選)
　　1.□逛書店　2.□書展　3.□劃撥郵購　4.□團體訂購　5.□網路購書　6.□其他

I. 您希望我們出版哪類書籍：（可複選）
　　1.□旅遊　2.□流行文化　3.□生活休閒　4.□美容保養　5.□散文小品
　　6.□科學新知　7.□藝術音樂　8.□致富理財　9.□工商企管　10.□科幻推理
　　11.□史哲類　12.□勵志傳記　13.□電影小說　14.□語言學習（＿＿＿語 ）
　　15.□幽默諧趣　16.□其他

J. 您對本書(系)的建議：

＿＿＿＿＿＿＿＿＿＿＿＿＿＿＿＿＿＿＿＿＿＿＿＿＿＿＿＿＿＿＿＿＿＿＿

K. 您對本出版社的建議：

＿＿＿＿＿＿＿＿＿＿＿＿＿＿＿＿＿＿＿＿＿＿＿＿＿＿＿＿＿＿＿＿＿＿＿

讀者小檔案

姓名：＿＿＿＿＿＿＿＿　性別：□男 □女　生日：＿＿年＿＿月＿＿日

年齡：□20歲以下 □21～30歲 □31～40歲　□41～50歲 □51歲以上

職業：1.□學生 2.□軍公教 3.□大眾傳播 4.□服務業 5.□金融業 6.□製造業
　　　7.□資訊業 8.□自由業 9.□家管 10.□退休 11.□其他

學歷：□國小或以下 □國中 □高中／高職 □大學／大專 □研究所以上

通訊地址：＿＿＿＿＿＿＿＿＿＿＿＿＿＿＿＿＿＿＿＿＿＿＿＿＿＿＿＿＿

電話：（H）＿＿＿＿＿＿＿＿　（O）＿＿＿＿＿＿＿＿　傳真：＿＿＿＿＿＿＿

行動電話：＿＿＿＿＿＿＿＿＿　E-Mail：＿＿＿＿＿＿＿＿＿＿＿＿＿＿

◎謝謝您購買本書，也歡迎您加入我們的會員，請上大都會文化網站 www.metrobook.com.tw
登錄您的資料。您將不定期收到最新圖書優惠資訊和電子報。